1 4 年生の計算の復習

月　日　時　分～　時　分

名前　　点

1 計算をしましょう。　1 つ 4【24点】

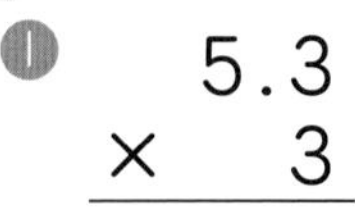

① 5.3×3

② 2.4×6

③ 6.3×18

④ 0.7×56

⑤ 0.35×4

⑥ 1.36×25

JN085237

2 わりきれるまで計算しましょう。　1 つ 4【32点】

① 5)6.5

② 6)43.8

③ 6)0.96

④ 16)22.4

⑤ 23)5.98

⑥ 18)8.28

⑦ 8)1.2

⑧ 16)23.2

小数点をうつ位置
に注意しよう。

大切　4 年生で習った小数や分数の計算は，5 年生の学習につながる大切な内容（ないよう）なので，きちんと復習（ふくしゅう）しておきましょう。

3 計算をしましょう。　　1つ4【20点】

① $\frac{1}{5}+\frac{3}{5}$

② $\frac{3}{7}+\frac{5}{7}$

③ $1\frac{1}{9}+2\frac{4}{9}$

④ $3\frac{5}{11}+\frac{1}{11}$

⑤ $1\frac{1}{4}+3\frac{3}{4}$

帯分数のたし算は，帯分数を整数の部分と分数の部分に分けて計算するか，帯分数を仮分数(かぶんすう)になおして計算するよ。

4 計算をしましょう。　　1つ4【24点】

① $\frac{6}{5}-\frac{3}{5}$

② $\frac{11}{3}-\frac{7}{3}$

③ $3\frac{4}{5}-1\frac{3}{5}$

④ $1\frac{1}{3}-\frac{2}{3}$

⑤ $4\frac{4}{9}-1\frac{5}{9}$

⑥ $3-1\frac{1}{4}$

おうちの方へ

小数の計算は，小数点の位置に気をつけることが大切です。

4 ④～⑥の計算は，帯分数や整数を仮分数に直して計算しましょう。

数のしくみ

月　日　時　分〜　時　分

名前　　点

じゅんび

小数と整数のしくみ

①10倍，100倍，……すると，
➡位は1けた，2けた，……上がる。
小数点は右に1けた，2けた，……うつる。

② $\frac{1}{10}$，$\frac{1}{100}$，……にすると，
➡位は1けた，2けた，……下がる。
小数点は左に1けた，2けた，……うつる。

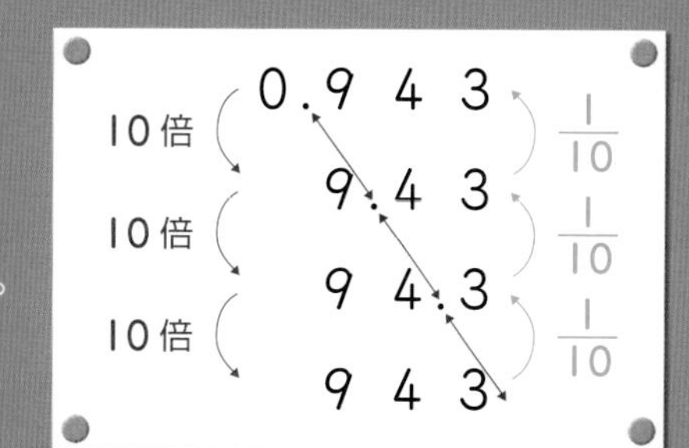

1 □にあてはまる数を書きましょう。　1つ4【12点】

❶ 476＝100×□＋10×□＋1×□

❷ 2.08＝1×□＋0.1×□＋0.01×□

❸ 5.401＝1×□＋0.1×□＋0.01×□＋0.001×□

2 □にあてはまる不等号を書きましょう。　1つ4【16点】

❶ 0 □ 0.01

❷ 4 □ 3.989

❸ 6 □ 6.12−1.2

❹ 52.3−3 □ 52.3

大切　×10，×100，……のときは，小数点は右にうつり，
÷10，÷100，……のときは，小数点は左にうつります。

3 30.14は，0.01を何個（こ）集めた数ですか。 【4点】

(　　　　　)

4 計算をしましょう。 1つ4【32点】

❶ 3.64×10　❷ 0.35×10　❸ 18.9×10

❹ 2.731×100　❺ 0.025×100　❻ 28.4×100

❼ 3.15×1000　❽ 0.06×1000

小数点がなくなるときは，けたの数に気をつけよう。

5 計算をしましょう。 1つ4【36点】

❶ $28.2 \div 10$　❷ $5.9 \div 10$　❸ $0.16 \div 10$

❹ $46.4 \div 100$　❺ $0.8 \div 100$　❻ $5 \div 100$

❼ $129.6 \div 1000$　❽ $4.3 \div 1000$　❾ $52 \div 1000$

小数点の位置の違いで，数の大きさが異なることなども理解しましょう。
「2.4は0.024の何倍？」などとクイズのように練習しましょう。

3 小数のかけ算 ①

じゅんび

34×0.26 の計算

```
    3 4          3 4          3 4
× 0.2 6      × 0.2 6      × 0.2 6  → 右へ[2]けた
  2 0 4  ➡     2 0 4  ➡     2 0 4
               6 8          6 8
               8 8 4        8.8 4  ← 左へ[2]けた
```

1 □にあてはまる数を書きましょう。　1つ5【10点】

❶ 16×0.04＝16×4÷□＝64÷□＝□

❷ 23×1.7＝23×17÷□＝391÷□＝□

2 計算をしましょう。　1つ5【30点】

❶ 7 × 2.2

❷ 30 × 4.6

❸ 18 × 0.5

❹ 26 × 1.4

❺ 28 × 0.07

❻ 16 × 0.84

大切 かける数が小数のときも，整数のときと同じように計算できます。筆算の答えに小数点をうつのをわすれないようにしましょう。

3 計算をしましょう。 1つ5【55点】

❶ 12×1.4　❷ 60×4.4　❸ 35×0.6

❹ 23×2.5　❺ 54×4.1　❻ 104×3.4

❼ 219×1.9　❽ 27×0.13　❾ 73×0.45

❿ 26×1.02　⓫ 192×0.44

4 積が 12 より小さくなるのはどれですか。 【5点】

㋐ 12×0.8　㋑ 12×1.3　㋒ 12×1.01　㋓ 12×0.98

(　　　　)

小数のかけ算は，答えの小数点の位置に気をつけることが大切です。
4 は，かける数が 1 より大きいか小さいかで考えましょう。

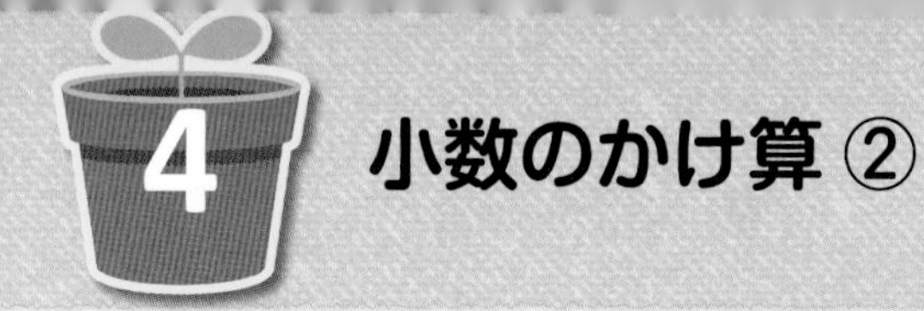

4 小数のかけ算 ②

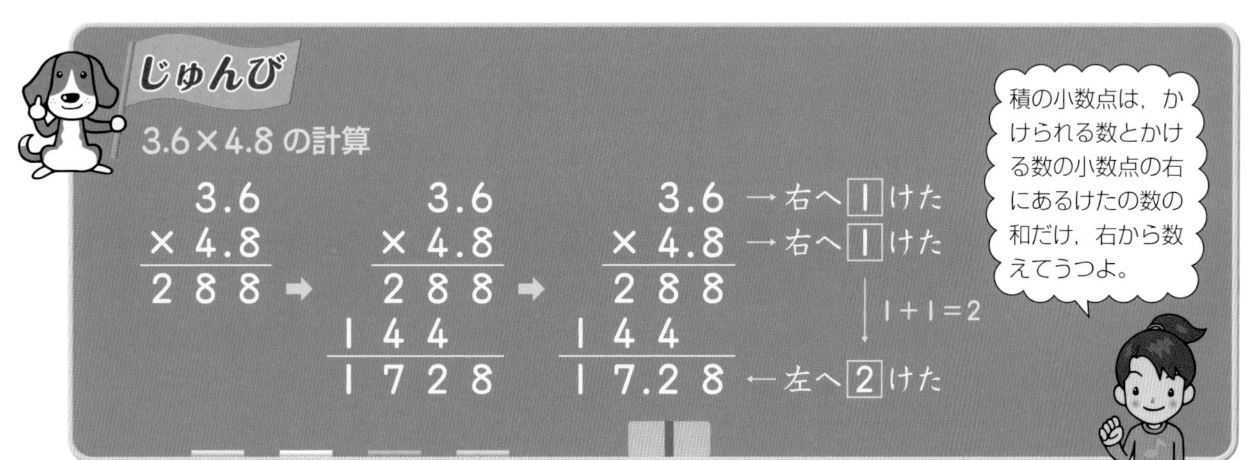

じゅんび
3.6×4.8 の計算
3.6 × 4.8 288 → 3.6 × 4.8 288 144 1728 → 3.6 × 4.8 288 144 17.28
→右へ1けた
→右へ1けた
1+1=2
←左へ2けた
積の小数点は，かけられる数とかける数の小数点の右にあるけたの数の和だけ，右から数えてうつよ。

1 □にあてはまる数を書きましょう。 1つ5【10点】

❶ $5.7\times0.6=57\times6\div\square=342\div\square=\square$

❷ $4.3\times3.8=43\times38\div\square=1634\div\square=\square$

2 計算をしましょう。 1つ5【30点】

❶ 4.9×0.4

❷ 1.6×3.8

❸ 5.4×7.9

❹ 21.7×4.3

❺ 2.08×2.3

❻ 5.96×7.2

大切 かけられる数とかける数の小数点の右にあるけたの数の和と，積の小数点の右にあるけたの数が同じになっているか確(たし)かめましょう。

3 計算をしましょう。　1つ5【55点】

❶ 6.4×0.7　❷ 0.6×7.4　❸ 2.5×3.5

❹ 3.2×3.3　❺ 6.3×7.1　❻ 16.2×1.2

❼ 31.4×3.9　❽ 7.69×0.5　❾ 3.06×4.4

❿ 14.7×2.07　⓫ 2.13×25.1

積の小数点の位置に
気をつけよう！

4 積が6.4より小さくなるのはどれですか。　【5点】

㋐ 6.4×1.1　㋑ 6.4×0.8　㋒ 6.4×1.99　㋓ 6.4×0.61

(　　　　)

小数×小数のかけ算の練習です。答えの小数点を，かける数やかけられる数と同じところにうってしまう間違いが多いので，気をつけましょう。

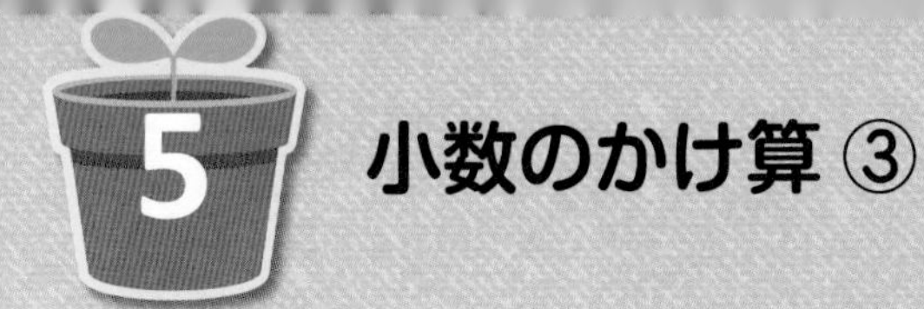

5 小数のかけ算 ③

月　日　時　分～　時　分

名前　　点

じゅんび

3.84×2.5 の計算

```
    3.8 4              3.8 4  → 右へ 2 けた
 ×    2.5           ×    2.5  → 右へ 1 けた
  1 9 2 0     ➡     1 9 2 0        2+1=3
  7 6 8             7 6 8
  9 6 0 0           9.6 0 0  ← 左へ 3 けた
```

1 計算をしましょう。　1つ5【30点】

① 0.6×8.5

② 1.8×2.5

③ 24.8×1.5

④ 3.5×4.4

⑤ 7.5×3.6

⑥ 12.5×2.4

2 計算をしましょう。　1つ5【15点】

① 2.4×3.5

② 20.5×2.2

③ 32.5×1.52

大切 積の小数点より下の位の最後の 0 は消しておきます。
筆算でないときは，答えに消した 0 を書かないようにしましょう。

じゅんび

0.6×0.3 の計算

$$\begin{array}{r} 0.6 \\ \times\ 0.3 \\ \hline 18 \end{array} \Rightarrow \begin{array}{r} 0.6 \\ \times\ 0.3 \\ \hline 0.18 \end{array}$$

→右へ 1 けた
→右へ 1 けた　1＋1＝2
←左へ 2 けた

3 計算をしましょう。　1つ5【30点】

❶ $\begin{array}{r} 2.2 \\ \times\ 0.3 \\ \hline \end{array}$　❷ $\begin{array}{r} 1.4 \\ \times\ 0.4 \\ \hline \end{array}$　❸ $\begin{array}{r} 0.6 \\ \times\ 0.7 \\ \hline \end{array}$

❹ $\begin{array}{r} 0.3 \\ \times\ 0.03 \\ \hline \end{array}$　❺ $\begin{array}{r} 0.4 \\ \times\ 0.5 \\ \hline \end{array}$　❻ $\begin{array}{r} 1.5 \\ \times\ 0.4 \\ \hline \end{array}$

4 計算をしましょう。　1つ5【25点】

❶ 1.6×0.3　❷ 2.2×0.2　❸ 1.25×0.6

❹ 0.02×0.4　❺ 0.025×0.8

積に小数点をうつとき，小数点の左に 0 をつけたす場合があります。
小数点の位置を間違えやすいので注意しましょう。

6 計算のきまり

月　日　時　分～　時　分

名前　　　点

じゅんび

計算のくふう

$4.9\times2.5\times4=4.9\times10=49$

（2.5×4 先に計算）

$3.4\times8.7+6.6\times8.7=10\times8.7=87$

（$(3.4+6.6)\times8.7$）

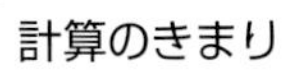

計算のきまり

・■×●＝●×■

・(■×●)×▲＝■×(●×▲)

・(■＋●)×▲＝■×▲＋●×▲

・(■－●)×▲＝■×▲－●×▲

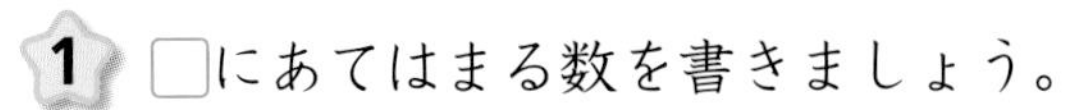

1 □にあてはまる数を書きましょう。　1つ8【40点】

❶ $9.7\times0.5\times20=9.7\times$ □ ＝ □

1，10，100などの数になる組み合わせを見つけるよ。

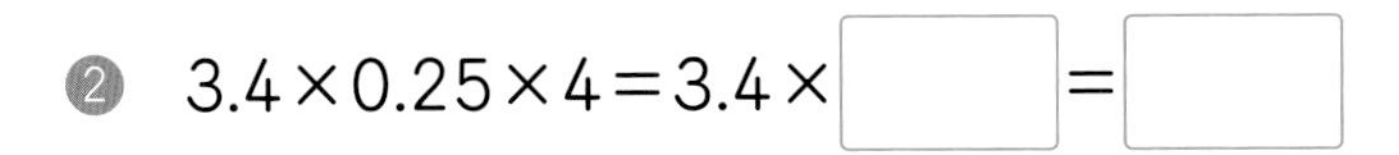

❷ $3.4\times0.25\times4=3.4\times$ □ ＝ □

❸ $5.1\times12.7+4.9\times12.7=$ □ $\times12.7=$ □

❹ $8.4\times5.3-7.4\times5.3=$ □ $\times5.3=$ □

❺ $19.9\times8=(20-$ □ $)\times8=160-$ □ ＝ □

ねらい　計算のきまりを使うと，計算がかん単になる場合があります。どのきまりを使えばかん単になるか，計算する前に考えるようにしましょう。

2 くふうして計算をしましょう。 1つ5【60点】

❶ $1.39\times2.5\times40$

❷ $38.1\times8\times1.25$

❸ $4\times6.37\times2.5$

❹ $2\times0.978\times0.5$

❺ $9.7\times1.9+9.7\times8.1$

❻ $0.7\times23.4+0.3\times23.4$

❼ $7.9\times0.9-2.9\times0.9$

❽ $18.9\times5.72-8.9\times5.72$

❾ 10.1×8.6

❿ 34.2×1.01

⓫ 45×9.8

⓬ 99.9×8.5

計算のきまりを使って，計算を簡単にするのがねらいです。計算の順序に従って計算しても答えを出せますが，ここでは工夫して計算するようにしましょう。

月　日　時　分～　時　分

名前　　　点

1 計算をしましょう。　1つ4【36点】

❶ 7×1.6

❷ 6.8×3.4

❸ 6.2×2.43

❹ 3.4×2.5

❺ 2.36×4.5

❻ 0.32×2.4

❼ 0.44×0.16

❽ 0.18×3.5

❾ 1.25×0.8

2 365×28＝10220 をもとにして，次の積を求めましょう。　1つ3【9点】

❶ 36.5×2.8　　❷ 0.365×28　　❸ 3.65×0.28

3 積が，19.6×5.2 の積と同じになる式を，下の㋐～㋒から選びましょう。　【3点】

㋐ 1.96×5.2　　㋑ 1.96×0.52　　㋒ 1.96×52

（　　　）

ヒント
2と3は，小数点の位置に注意して答えを求めましょう。
5は，右側の□に入る数から考えていくとわかりやすいです。

4 計算をしましょう。　1つ4【36点】

❶ 16×2.8　❷ 24.3×2.4　❸ 20.6×2.17

❹ 11.5×4.8　❺ 145×2.6　❻ 0.28×1.3

❼ 0.27×0.72　❽ 1.4×0.5　❾ 2.4×0.25

5 □にあてはまる数を入れ，積には必要なところに小数点をうちましょう。
また，0を消すときは，0に＼をかきましょう。　1つ4【8点】

❶
```
     □.5
  ×  □.8
  ------
   2 □ □
   □ 0
  ------
   □ 0 □
```

❷
```
     □.3 7
  ×    □.□
  --------
     2 □ □
     □ 4
  --------
   □ 9 □ 2
```

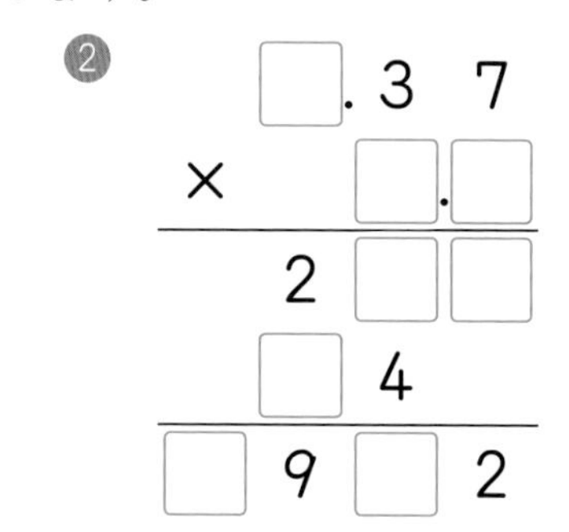

6 次の式で，●には0ではない同じ数が入ります。□にあてはまる不等号を書きましょう。　1つ4【8点】

❶ ●×1.4 □ ●×1.14

❷ ●×0.18 □ ●×0.081

もっと練習

(1) 7.5×0.8
(2) 0.98×0.13
(3) 0.5×1.832×2

積の小数点の位置を間違えないよう注意しましょう。
また，6のような積の大小を式から考えることもとても大切です。

月　日　目標 20 分

名前　　点

1 □にあてはまる数を書きましょう。　1つ2【6点】

❶ $3.016=1\times\square+0.1\times\square+0.01\times\square+0.001\times\square$

❷ $1.6\times0.24=16\times24\div\square=384\div\square=\square$

❸ $2.5\times3.6=25\times36\div\square=900\div\square=\square$

2 計算をしましょう。　1つ4【36点】

❶ 14×1.2

❷ 2.9×4.8

❸ 3.6×5.02

❹ 3.5×2.4

❺ 3.28×1.5

❻ 0.16×5.4

❼ 0.37×0.17

❽ 0.45×2.8

❾ 2.25×0.4

豆知識　今のような小数が使われるようになったのは，今からおよそ400年前，16世紀のころだと言われています。

3 □にあてはまる不等号を書きましょう。 1つ4【16点】

❶ 0.1 □ 0.11　　❷ 6.01 □ 5.98

❸ 7.04 □ 7.4−0.74　　❹ 3.04−0.4 □ 3

4 104×35＝3640 をもとにして，次の積を求めましょう。 1つ2【6点】

❶ 10.4×3.5　　❷ 10.4×0.35　　❸ 0.104×0.35

5 計算をしましょう。 1つ4【36点】

❶ 47×3.2　　❷ 19.6×3.3　　❸ 5.14×24.4

❹ 4.5×2.8　　❺ 1.8×0.85　　❻ 0.14×3.8

❼ 0.63×0.12　　❽ 4.8×1.5　　❾ 1.6×1.25

ふりかえり

0〜60点 がんばろう　61〜80点 もう少し　81〜100点 よくできたね！

感想

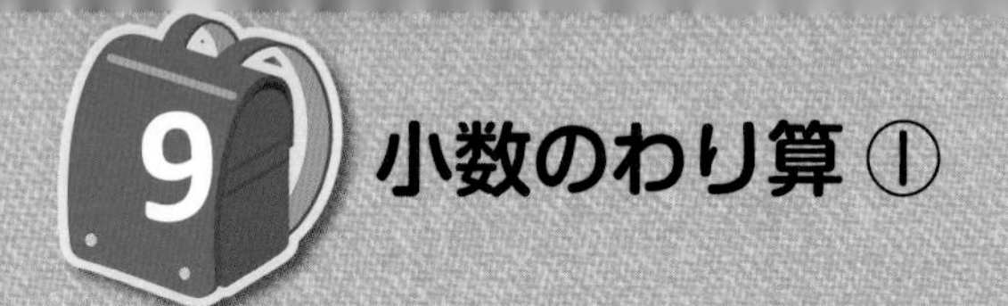

月　日　時　分～　時　分

名前　点

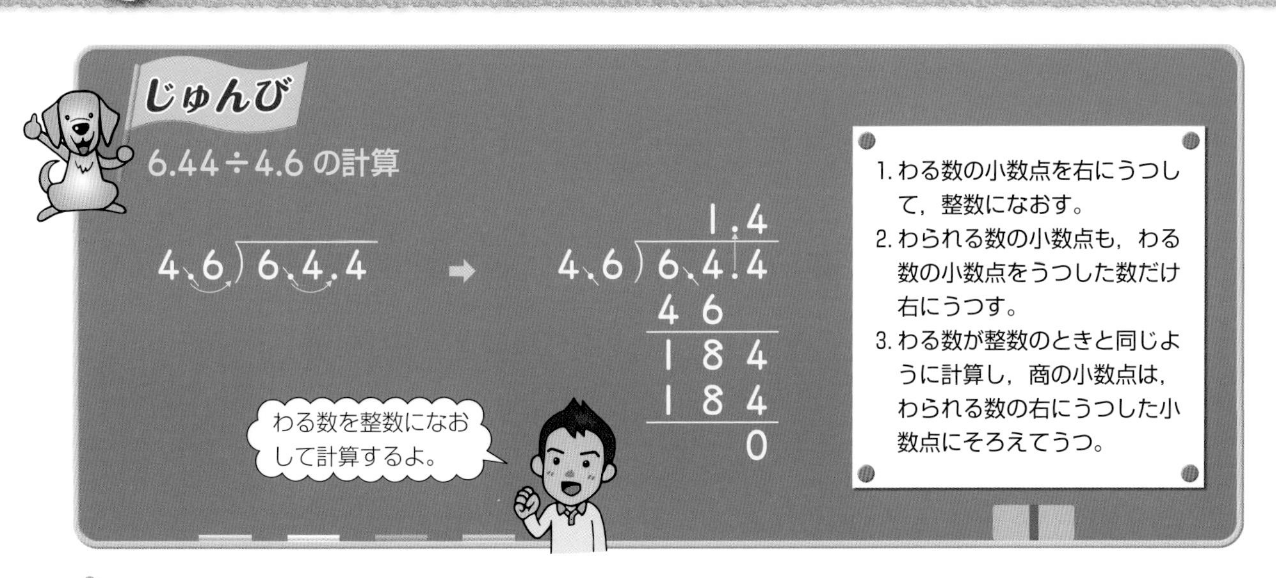

じゅんび
6.44÷4.6 の計算
わる数を整数になおして計算するよ。
1. わる数の小数点を右にうつして，整数になおす。
2. わられる数の小数点も，わる数の小数点をうつした数だけ右にうつす。
3. わる数が整数のときと同じように計算し，商の小数点は，わられる数の右にうつした小数点にそろえてうつ。

1 計算をしましょう。　1つ4【36点】

❶ $1.4 \overline{)5.6}$

❷ $2.3 \overline{)73.6}$

❸ $6.7 \overline{)40.2}$

❹ $2.7 \overline{)4.86}$

❺ $4.3 \overline{)29.24}$

❻ $3.4 \overline{)13.26}$

❼ $7.6 \overline{)4.56}$

❽ $4.6 \overline{)3.68}$

❾ $2.7 \overline{)0.81}$

大切　1 ❼～❾のようなわり算では，商の一の位に 0 をたてて，小数点をうつようにしましょう。

2 計算をしましょう。

1つ5【55点】

❶ $8.7 \div 2.9$　❷ $8.4 \div 1.4$　❸ $65.6 \div 4.1$

❹ $75.2 \div 9.4$　❺ $6.46 \div 3.4$　❻ $7.22 \div 1.9$

❼ $28.12 \div 3.8$　❽ $10.53 \div 2.7$　❾ $5.74 \div 8.2$

❿ $1.74 \div 2.9$　⓫ $0.42 \div 1.4$

3 $736 \div 32 = 23$ をもとにして，次の商を求めましょう。

1つ3【9点】

❶ $73.6 \div 3.2$　❷ $73.6 \div 0.32$　❸ $0.736 \div 0.032$

小数のわり算の計算は，わる数とわられる数の両方を10倍，100倍，…して計算しても，商が等しくなることを利用しています。

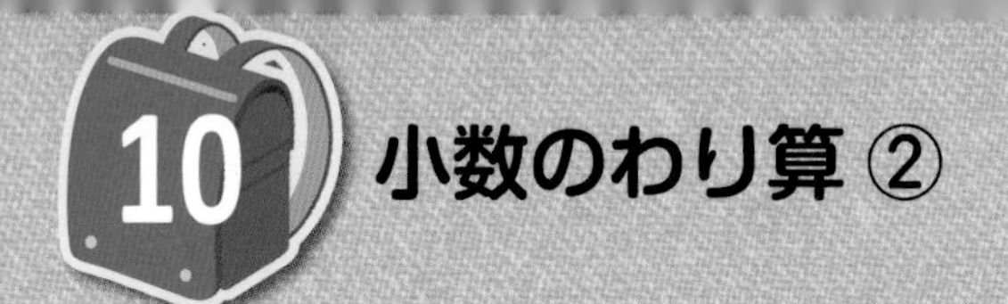

小数のわり算 ②

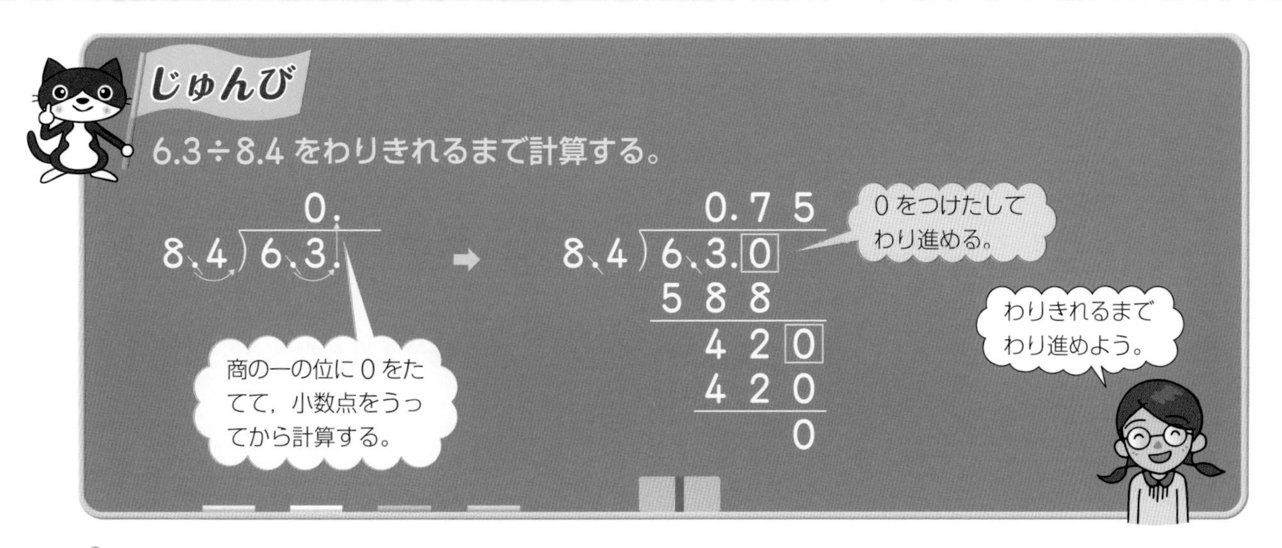

じゅんび
6.3÷8.4 をわりきれるまで計算する。
0.
8.4)6.3.
0.7 5
8.4)6.3.0
5 8 8
4 2 0
4 2 0
0
0 をつけたして
わり進める。
わりきれるまで
わり進めよう。
商の一の位に 0 をたてて，小数点をうってから計算する。

1 わりきれるまで計算しましょう。 1つ5【30点】

❶ $4.4\overline{)11}$

❷ $4.5\overline{)2.7}$

❸ $2.5\overline{)1.2}$

❹ $3.6\overline{)2.34}$

❺ $2.8\overline{)6.86}$

❻ $1.6\overline{)4}$

大切

1 ❶のようなわり算は，わられる数に小数点をうち，0 をつけて小数点を右にうつして計算します。

2 わりきれるまで計算しましょう。

1つ7【70点】

❶ $21 \div 7.5$

❷ $3.4 \div 8.5$

❸ $6.3 \div 7.5$

❹ $3.74 \div 6.8$

❺ $6.48 \div 4.5$

❻ $1.26 \div 5.6$

❼ $3.24 \div 4.8$

❽ $48 \div 6.4$

❾ $3 \div 2.5$

❿ $1.2 \div 3.2$

どんな小数のわり算も，わる数が整数になるように小数点をうつして計算するよ。

小数のわり算は，小数点の位置をうつすときに，位取りの間違いが多くみられます。ていねいに計算しましょう。

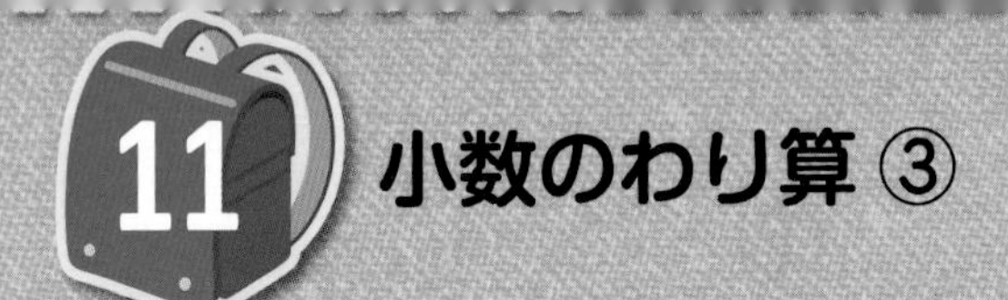

11 小数のわり算 ③

月 日	時 分～ 時 分
名前	点

じゅんび

3.7÷0.8 の商を一の位まで求めて，あまりを出す。

```
         4                  4
0.8)3.7   →       0.8)3.7
    3 2                3 2
      5                0.5
```

この５は，0.1 が５こあることを表すから…

あまりの小数点は，わられる数のもとの小数点にそろえてうつ。

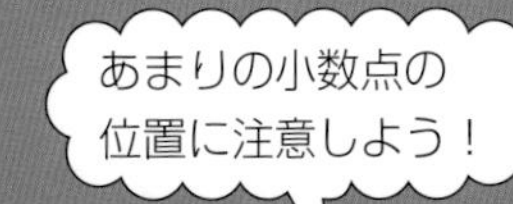

あまりの小数点の
位置に注意しよう！

1 商は一の位まで求めて，あまりも出しましょう。　1つ5【45点】

❶ 2.3)8.2　　❷ 1.5)9.6　　❸ 4.8)24.5

❹ 6.5)30.4　　❺ 3.6)14　　❻ 7.6)32

❼ 2.4)5.24　　❽ 8.5)160　　❾ 6.3)270

大切　1❺のようなわり算は，わられる数に０をつけて，小数点を０の右にうつして計算します。

2 商は$\frac{1}{10}$の位まで求めて，あまりも出しましょう。 1つ5【55点】

❶ $0.8\overline{)2.14}$

❷ $3.4\overline{)9.45}$

❸ $0.6\overline{)0.51}$

❹ $0.4\overline{)0.93}$

❺ $0.27\overline{)0.46}$

❻ $5.3\overline{)18.59}$

❼ $0.6\overline{)9.4}$

❽ $1.2\overline{)8.9}$

❾ $9.4\overline{)5.7}$

❿ $0.69\overline{)0.28}$

⓫ $1.2\overline{)24.5}$

商を$\frac{1}{10}$の位まで求めるときは，あまりがわる数の$\frac{1}{10}$よりも小さい数になるよ！

あまりのある小数のわり算は，検算をすることで理解が深まります。
検算は，「わる数×商＋あまり＝わられる数」で確かめます。

12 小数のわり算 ④

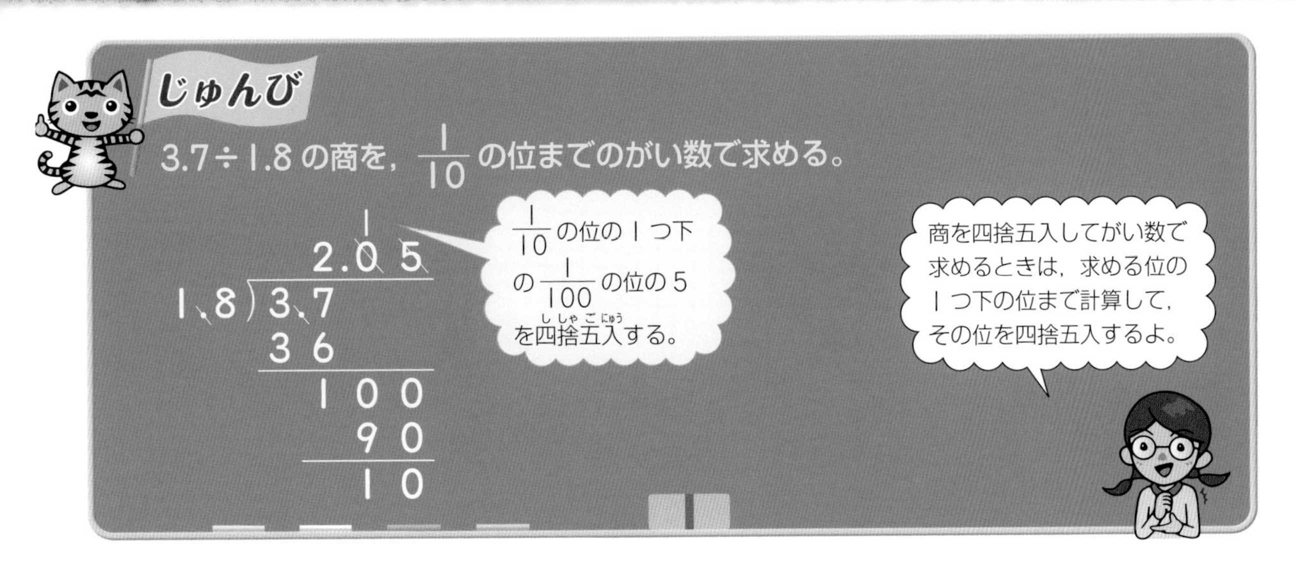

じゅんび
3.7÷1.8 の商を，$\frac{1}{10}$ の位までのがい数で求める。
2.05
1.8)3.7
36
100
90
10
$\frac{1}{10}$ の位の１つ下の $\frac{1}{100}$ の位の５を四捨五入する。
商を四捨五入してがい数で求めるときは，求める位の１つ下の位まで計算して，その位を四捨五入するよ。

1 商を四捨五入して，$\frac{1}{10}$ の位までのがい数で求めましょう。　1つ5【45点】

❶ $0.7 \overline{)4}$

❷ $4.6 \overline{)3.6}$

❸ $3.2 \overline{)7.5}$

❹ $5.2 \overline{)9.6}$

❺ $2.6 \overline{)16.1}$

❻ $6.9 \overline{)25.4}$

❼ $3.2 \overline{)10.2}$

❽ $0.6 \overline{)12.5}$

❾ $7.6 \overline{)18}$

大切　がい数を求めるときは，$\frac{1}{10}$ の位のように位の位置を指定する場合と，上から２けたのようにけたの数を指定する場合があります。

2 商を四捨五入して，上から２けたのがい数で求めましょう。

１つ５【55点】

① 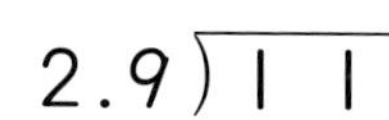

$2.9\overline{)\,11}$

② $0.7\overline{)\,3.6}$

③ $1.3\overline{)\,4.5}$

④ $2.6\overline{)\,9.8}$

⑤ $1.5\overline{)\,0.8}$

⑥ $3.2\overline{)\,1.1}$

⑦ $5.4\overline{)\,30.2}$

⑧ $5.7\overline{)\,19.1}$

⑨ $0.34\overline{)\,29.7}$

⑩ $4.3\overline{)\,2.09}$

⑪ $8.4\overline{)\,1.67}$

上から２けたのがい数にするには，上から３けたの数を四捨五入するよ。

わり算では，わりきれないときや商のけた数が多いときなどに，商をがい数で表すことがあります。四捨五入する位に注意しましょう。

月　日　時　分～　時　分

名前　点

1 わりきれるまで計算しましょう。　1つ4【36点】

❶ $3.4 \overline{)\,54.4}$

❷ $2.9 \overline{)\,7.83}$

❸ $5.8 \overline{)\,50.46}$

❹ $7.3 \overline{)\,4.38}$

❺ $2.5 \overline{)\,6}$

❻ $6.4 \overline{)\,4.8}$

❼ $4.4 \overline{)\,9.9}$

❽ $8.4 \overline{)\,1.05}$

❾ $2.4 \overline{)\,18}$

2 $204 \div 24 = 8.5$ をもとにして，次の商を求めましょう。　1つ4【12点】

❶ $20.4 \div 2.4$

❷ $2.04 \div 2.4$

❸ $0.204 \div 0.024$

ヒント　2は，わられる数とわる数の小数点の位置から考えます。
1の5は，右側の□に入る数から考えていくようにしましょう。

3 商は $\frac{1}{10}$ の位まで求めて，あまりも出しましょう。 1つ5【15点】

❶ $2.8\overline{)8.73}$

❷ $0.3\overline{)7.9}$

❸ $0.87\overline{)0.45}$

4 商を四捨五入して，$\frac{1}{10}$ の位までのがい数で求めましょう。 1つ5【15点】

❶ $7.6\overline{)5.3}$

❷ $0.8\overline{)15.1}$

❸ $6.9\overline{)26}$

5 □にあてはまる数を入れ，商には必要なところに小数点をうちましょう。 1つ6【12点】

❶

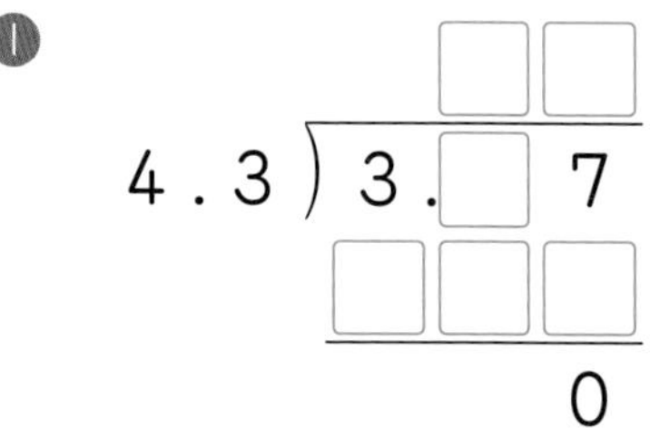

❷

```
         0 □ 5
     ─────────
8.4 ) 6.3
      □ □ □
     ─────────
        □ 2 □
        4 □ 0
     ─────────
            0
```

6 次の式で，●には0ではない同じ数が入ります。□にあてはまる不等号を書きましょう。 1つ5【10点】

❶ ●÷1.14 □ ●÷1.4

❷ ●÷0.18 □ ●÷0.018

(1) 50.82÷7.7
(2) 6.64÷8.3

あまりの小数点の位置を間違えないよう注意しましょう。
6 では，わる数が大きいほど，商は小さくなることも理解しましょう。

14 9〜13のかくにんテスト

月　日　●目標 20 分

名前　　　　　点

1 5.12÷1.6＝3.2 をもとにして，商が 3.2 になるものを，㋐〜㋓からすべて選びましょう。【4点】

㋐ 51.2÷1.6　　㋑ 51.2÷0.16

㋒ 51.2÷16　　㋓ 0.512÷0.16

（　　　　）

2 わりきれるまで計算しましょう。1つ4【36点】

❶ $1.3\overline{)6.5}$

❷ $2.4\overline{)8.16}$

❸ $5.6\overline{)38.64}$

❹ $8.2\overline{)7.38}$

❺ $1.7\overline{)0.85}$

❻ $5.5\overline{)4.4}$

❼ $2.8\overline{)1.26}$

❽ $1.8\overline{)5.85}$

❾ $5.6\overline{)7}$

豆知識 かける数が 0 の場合もかけ算はできますが，わる数が 0 の場合はわり算はできません。どんな数も 0 でわることはできません。

3 商は一の位まで求めて，あまりも出しましょう。 1つ5【30点】

① $0.7 \overline{)3.55}$

② $2.3 \overline{)8.12}$

③ $0.19 \overline{)0.71}$

④ $1.4 \overline{)9.3}$

⑤ $0.39 \overline{)7.9}$

⑥ $1.3 \overline{)31.1}$

4 商を四捨五入(ししゃごにゅう)して，上から2けたのがい数で求めましょう。 1つ5【30点】

① $1.6 \overline{)3.9}$

② $3.6 \overline{)2.73}$

③ $7.2 \overline{)2.08}$

④ $0.33 \overline{)31.93}$

⑤ $5.3 \overline{)1.989}$

⑥ $6.5 \overline{)3.91}$

ふりかえり

0～60点 がんばろう

61～80点 もう少し

81～100点 よくできたね！

感想

やってみよう！

月　日　●目標 30 分

名前

なぞなぞの答えは？

筆算と文字が書いてあるカードがあります。筆算の答えが小さい順になるように文字をならべるとなぞなぞができます。そのなぞなぞの答えは何かな？

空
$$\begin{array}{r} 0.27 \\ \times\ 0.13 \\ \hline \end{array}$$

虫
$$\begin{array}{r} 4.82 \\ \times\ 9.7 \\ \hline \end{array}$$

中
$$\begin{array}{r} 0.19 \\ \times\ 4.3 \\ \hline \end{array}$$

は
$$\begin{array}{r} 7.22 \\ \times\ 6.5 \\ \hline \end{array}$$

る
$$\begin{array}{r} 3.8 \\ \times\ 7.3 \\ \hline \end{array}$$

い
$$\begin{array}{r} 8 \\ \times\ 2.6 \\ \hline \end{array}$$

の
$$\begin{array}{r} 0.28 \\ \times\ 2.5 \\ \hline \end{array}$$

に
$$\begin{array}{r} 3.25 \\ \times\ 0.4 \\ \hline \end{array}$$

何
$$\begin{array}{r} 8.5 \\ \times\ 6.6 \\ \hline \end{array}$$

？

答えが小さい順になるように，文字をならべよう。

答え

なぞなぞの答えは？

筆算と文字が書いてあるカードがあります。筆算の答えが小さい順になるように文字をならべるとなぞなぞができます。そのなぞなぞの答えは何かな？

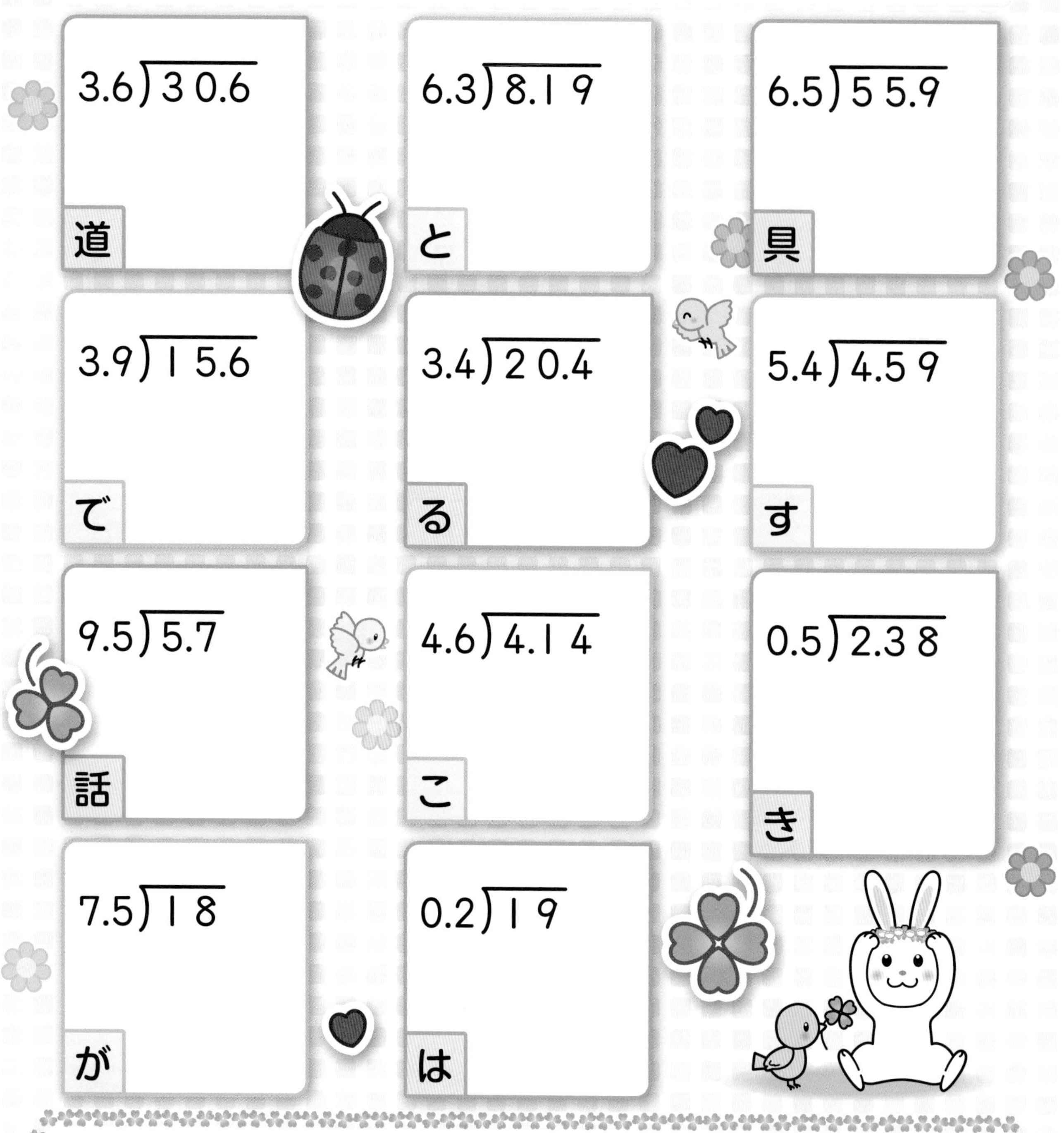

$3.6\overline{)30.6}$　道

$6.3\overline{)8.19}$　と

$6.5\overline{)55.9}$　具

$3.9\overline{)15.6}$　で

$3.4\overline{)20.4}$　る

$5.4\overline{)4.59}$　す

$9.5\overline{)5.7}$　話

$4.6\overline{)4.14}$　こ

$0.5\overline{)2.38}$　き

$7.5\overline{)18}$　が

$0.2\overline{)19}$　は

？

答え

？

15 約分

月　日　時　分～　時　分

名前　　点

じゅんび

大きさの等しい分数をつくる。

$\frac{●}{■}=\frac{●×▲}{■×▲}$　　$\frac{●}{■}=\frac{●÷▲}{■÷▲}$

分母と分子に同じ数をかけても，同じ数でわっても，分数の大きさは変わらない。

1 □にあてはまる数を書きましょう。　1つ5【20点】

① $\frac{9}{12}=\frac{9\times3}{12\times□}=\frac{27}{□}$

② $\frac{9}{12}=\frac{9\div3}{12\div□}=\frac{3}{□}$

③ $\frac{5}{20}=\frac{5\times2}{20\times□}=\frac{10}{□}$

④ $\frac{5}{20}=\frac{5\div5}{20\div□}=\frac{1}{□}$

2 □にあてはまる数を書きましょう。　1つ5【30点】

① $\frac{1}{3}=\frac{□}{6}=\frac{3}{□}$

② $\frac{4}{5}=\frac{8}{□}=\frac{□}{20}$

③ $\frac{24}{36}=\frac{8}{□}=\frac{□}{9}$

④ $\frac{12}{16}=\frac{□}{8}=\frac{3}{□}$

⑤ $\frac{1}{□}=\frac{3}{9}=\frac{□}{15}$

⑥ $\frac{□}{5}=\frac{16}{20}=\frac{12}{□}$

大切　大きさの等しい分数をつくるときは，分母と分子に同じ数をかけたり，分母と分子を同じ数でわったりします。

じゅんび

$\frac{12}{32}$を約分する。

$$\frac{\overset{3}{\cancel{12}}}{\underset{8}{\cancel{32}}} = \frac{3}{8} \quad (\div 4)$$

$$\frac{12}{32} = \frac{6}{16} = \frac{3}{8} \quad (\div 2,\ \div 2)$$

2回に分けて約分することもできる！

1. 分母と分子を，それらの公約数でわって分母の小さい分数にすることを，約分するという。
2. 約分するときは，分母をできるだけ小さくする。

3 次の分数を約分しましょう。 1つ5【40点】

① $\frac{4}{6}$ （　　）
② $\frac{15}{25}$ （　　）
③ $\frac{18}{54}$ （　　）
④ $\frac{18}{27}$ （　　）
⑤ $1\frac{15}{35}$ （　　）
⑥ $2\frac{7}{21}$ （　　）
⑦ $\frac{28}{16}$ （　　）
⑧ $\frac{55}{25}$ （　　）

4 次の分数を約分して，$\frac{2}{3}$と大きさの等しい分数を見つけましょう。 【10点】

㋐ $\frac{9}{12}$　㋑ $\frac{10}{15}$　㋒ $\frac{15}{24}$　㋓ $\frac{24}{33}$

㋔ $\frac{24}{36}$　㋕ $\frac{33}{44}$　㋖ $\frac{30}{45}$　㋗ $\frac{34}{51}$

（　　　　　　　　）

約分では，分母と分子をそれぞれの最大公約数でわります。
まだ約分できないか，最後に確認するようにしましょう。

16 通分

$\frac{3}{4}$と$\frac{5}{6}$を通分する。

$\frac{3}{4}=\frac{3\times3}{4\times3}=\frac{9}{12}$

$\frac{5}{6}=\frac{5\times2}{6\times2}=\frac{10}{12}$

分母の数が同じだから，大きさを比(くら)べることができるね。

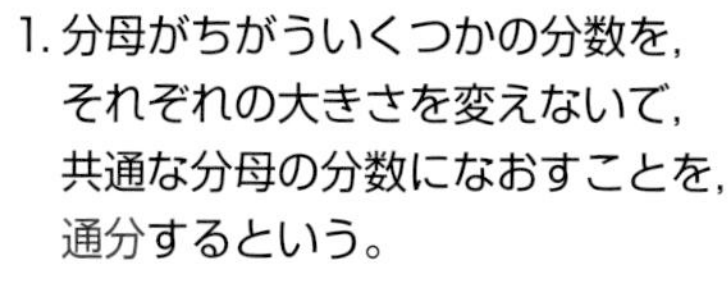

1. 分母がちがういくつかの分数を，それぞれの大きさを変えないで，共通な分母の分数になおすことを，通分するという。
2. 通分は，ふつうそれぞれの分母の最小公倍数を，共通な分母にする。

1 □にあてはまる数を書きましょう。　1つ5【20点】

① $\frac{2}{5}=\frac{\square}{20}=\frac{\square}{40}$

② $\frac{3}{4}=\frac{\square}{20}=\frac{\square}{40}$

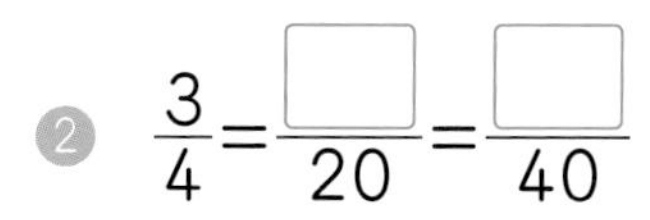

③ $\frac{1}{6}=\frac{\square}{18}=\frac{\square}{54}$

④ $\frac{4}{9}=\frac{\square}{18}=\frac{\square}{54}$

共通な分母の分数は，１つではないんだね。

2 次の分数を通分して大小を比べ，□にあてはまる等号や不等号を書きましょう。　1つ5【20点】

① $\frac{2}{5}\ \square\ \frac{9}{25}$

② $\frac{5}{7}\ \square\ \frac{30}{42}$

③ $\frac{9}{10}\ \square\ \frac{7}{8}$

④ $3\frac{5}{9}\ \square\ 3\frac{7}{12}$

大切　通分するときは，分母をなるべく小さくします。また，通分する分数が帯分数のときは，整数の部分はそのままで分数の部分を通分します。

3 (　)の中の分数を通分しましょう。　1つ6【60点】

① $\left(\frac{1}{4}, \frac{1}{5}\right)$

(　　　　)

② $\left(\frac{2}{3}, \frac{5}{4}\right)$

(　　　　)

③ $\left(1\frac{2}{7}, 1\frac{5}{6}\right)$

(　　　　)

④ $\left(\frac{3}{4}, \frac{5}{12}\right)$

(　　　　)

⑤ $\left(\frac{5}{2}, \frac{3}{8}\right)$

(　　　　)

⑥ $\left(\frac{7}{8}, \frac{1}{12}\right)$

(　　　　)

⑦ $\left(1\frac{3}{10}, 2\frac{4}{15}\right)$

(　　　　)

⑧ $\left(3\frac{1}{6}, 4\frac{2}{15}\right)$

(　　　　)

⑨ $\left(\frac{1}{2}, \frac{1}{3}, \frac{2}{5}\right)$

(　　　　)

⑩ $\left(\frac{5}{6}, \frac{3}{10}, \frac{11}{18}\right)$

(　　　　)

おうちの方へ

分母が同じ分数では，分子の大小で分数の大きさを比べることができます。
分母がちがう分数の大きさは，通分して分母を同じにしてから比べましょう。

17 分数のたし算 ①

月　日　時　分～　時　分

名前　　　点

じゅんび

$\frac{1}{3}+\frac{2}{7}$の計算

$$\frac{1}{3}+\frac{2}{7}=\frac{7}{21}+\frac{6}{21}=\frac{13}{21}$$

分母がちがう分数のたし算は，通分して同じ分母の分数になおしてから，分子だけたす。

分母を３と７の最小公倍数の21にして通分するよ！

1 □にあてはまる数を書きましょう。　1つ5【10点】

① $\frac{1}{4}+\frac{1}{9}=\frac{\square}{36}+\square=\square$

② $\frac{2}{5}+\frac{2}{7}=\frac{\square}{35}+\square=\square$

2 計算をしましょう。　1つ5【30点】

① $\frac{1}{3}+\frac{1}{9}$

② $\frac{2}{7}+\frac{2}{9}$

③ $\frac{1}{5}+\frac{7}{10}$

④ $\frac{3}{8}+\frac{2}{11}$

⑤ $\frac{2}{5}+\frac{5}{9}$

⑥ $\frac{3}{11}+\frac{1}{4}$

大切　分母がちがう分数のたし算は，分母がいちばん小さくなるように，分母の最小公倍数を共通な分母にして通分します。

じゅんび

$\frac{2}{3}+\frac{5}{7}$の計算

$$\frac{2}{3}+\frac{5}{7}=\frac{14}{21}+\frac{15}{21}=\frac{29}{21}\left(1\frac{8}{21}\right)$$

答えが仮分数(かぶんすう)のときは，そのままでも，帯分数になおしてもいいよ！

3 計算をしましょう。　　1つ6【60点】

① $\frac{2}{3}+\frac{1}{2}$

② $\frac{2}{5}+\frac{3}{4}$

③ $\frac{5}{8}+\frac{1}{2}$

④ $\frac{7}{8}+\frac{3}{10}$

⑤ $\frac{8}{11}+\frac{4}{5}$

⑥ $\frac{3}{7}+\frac{7}{8}$

⑦ $\frac{5}{2}+\frac{2}{3}$

⑧ $\frac{5}{6}+\frac{5}{4}$

⑨ $\frac{11}{8}+\frac{1}{6}$

⑩ $\frac{7}{10}+\frac{13}{15}$

3の答えは仮分数のままでも，帯分数に直しても，どちらも正解です。帯分数に直すと，分数の大きさがわかりやすくなります。

18 分数のたし算 ②

じゅんび

$\frac{1}{9}+\frac{7}{18}$の計算(答えを約分する)

$$\frac{1}{9}+\frac{7}{18}=\frac{2}{18}+\frac{7}{18}=\frac{\overset{1}{\cancel{9}}}{\underset{2}{\cancel{18}}}=\frac{1}{2}$$

分数のたし算で答えが約分できるときは，必ず約分するよ！

1 □にあてはまる数を書きましょう。　1つ10【20点】

① $\frac{2}{5}+\frac{1}{10}=\frac{\square}{10}+\frac{1}{10}=\frac{\overset{\square}{\cancel{\square}}}{\underset{\square}{\cancel{10}}}=\square$

② $\frac{7}{12}+\frac{1}{4}=\frac{7}{12}+\frac{\square}{12}=\frac{\overset{\square}{\cancel{\square}}}{\underset{\square}{\cancel{12}}}=\square$

2 計算をしましょう。　1つ5【20点】

① $\frac{1}{2}+\frac{1}{6}$

② $\frac{1}{6}+\frac{1}{3}$

③ $\frac{1}{10}+\frac{1}{15}$

④ $\frac{1}{6}+\frac{1}{21}$

大切　通分するときに，分母の最小公倍数を共通な分母にしておきましょう。分子が小さくなり計算しやすく，約分もかん単になります。

3 計算をしましょう。 1つ5【60点】

① $\frac{3}{10}+\frac{1}{2}$

② $\frac{5}{24}+\frac{1}{8}$

③ $\frac{4}{15}+\frac{1}{3}$

④ $\frac{3}{10}+\frac{1}{6}$

⑤ $\frac{1}{6}+\frac{8}{15}$

⑥ $\frac{1}{3}+\frac{7}{15}$

⑦ $\frac{7}{15}+\frac{7}{10}$

⑧ $\frac{7}{12}+\frac{2}{3}$

⑨ $\frac{5}{21}+\frac{3}{7}$

⑩ $\frac{2}{9}+\frac{5}{18}$

⑪ $\frac{5}{12}+\frac{2}{15}$

⑫ $\frac{21}{20}+\frac{5}{4}$

おうちの方へ

答えの約分を忘れてしまう場合があります。最後に答えが約分できるかどうかを確認するようにしましょう。

月　日　時　分～　時　分
名前　点

19 分数のたし算 ③

じゅんび

$2\frac{1}{5}+1\frac{2}{3}$ の計算(帯分数のたし算)

$2\frac{1}{5}+1\frac{2}{3}=2\frac{3}{15}+1\frac{10}{15}=3\frac{13}{15}$

整数…$2+1=3$　真分数…$\frac{3}{15}+\frac{10}{15}=\frac{13}{15}$

通分してから，整数の部分どうしと真分数の部分どうしを，それぞれたす。

$2\frac{1}{5}+1\frac{2}{3}=\frac{11}{5}+\frac{5}{3}=\frac{33}{15}+\frac{25}{15}=\frac{58}{15}$

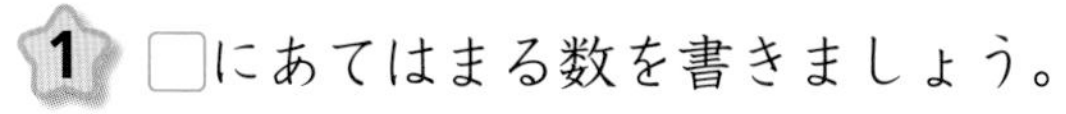

仮分数(かぶんすう)になおす。

帯分数を，それぞれ仮分数になおしてから，たし算をする。

1 □にあてはまる数を書きましょう。　1つ5【10点】

① $1\frac{1}{4}+1\frac{1}{6}=1\frac{\square}{12}+1\frac{\square}{12}=\square$

② $1\frac{1}{4}+1\frac{1}{6}=\frac{\square}{4}+\frac{\square}{6}=\frac{\square}{12}+\frac{\square}{12}=\square$

②の答えを帯分数になおして，①の答えと同じになることを確(たし)かめてみよう。

2 計算をしましょう。　1つ6【24点】

① $1\frac{1}{3}+1\frac{1}{2}$

② $2\frac{3}{4}+1\frac{1}{9}$

③ $1\frac{2}{5}+1\frac{3}{10}$

④ $3\frac{3}{8}+2\frac{1}{12}$

大切　帯分数を仮分数になおしてからたし算するときは，分子の数が大きくなるので，計算ミスに注意しましょう。

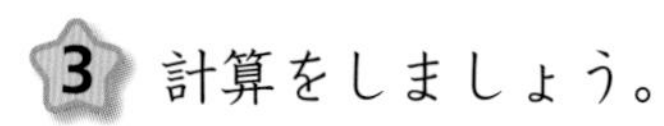

3 計算をしましょう。

1つ6【66点】

① $4\frac{1}{2}+\frac{5}{12}$

② $2\frac{3}{10}+\frac{4}{15}$

③ $\frac{5}{9}+3\frac{5}{12}$

④ $1\frac{2}{15}+1\frac{1}{5}$

⑤ $2\frac{1}{2}+\frac{1}{6}$

⑥ $1\frac{1}{12}+1\frac{3}{4}$

⑦ $1\frac{1}{14}+2\frac{3}{7}$

⑧ $2\frac{1}{12}+2\frac{1}{6}$

⑨ $1\frac{11}{18}+\frac{2}{9}$

⑩ $\frac{3}{10}+3\frac{1}{6}$

⑪ $1\frac{2}{15}+2\frac{7}{10}$

答えが約分できるときは，必ず約分しよう！

帯分数のたし算は２通りの方法があり，どちらで計算をしても良いです。
できれば，どちらの方法を使っても解けるようにしましょう。

分数のたし算④

月　日　時　分〜　時　分

名前　　　　点

じゅんび

$1\frac{7}{10}+2\frac{4}{5}$ の計算（整数の部分にくり上げる帯分数のたし算）

$$1\frac{7}{10}+2\frac{4}{5}=1\frac{7}{10}+2\frac{8}{10}=3\frac{\overset{3}{\cancel{15}}}{\underset{2}{\cancel{10}}}=4\frac{1}{2} \quad \leftarrow 3+1\frac{1}{2}$$

真分数の部分どうしの和が仮分数（かぶんすう）になるときは，整数の部分にくり上げて，「整数＋真分数」の形にする。

$$1\frac{7}{10}+2\frac{4}{5}=\frac{17}{10}+\frac{14}{5}=\frac{17}{10}+\frac{28}{10}=\frac{\overset{9}{\cancel{45}}}{\underset{2}{\cancel{10}}}=\frac{9}{2}$$

帯分数を，それぞれ仮分数になおしてから，たし算をする。

1 □にあてはまる数を書きましょう。　1つ8【16点】

① $\frac{2}{5}+2\frac{2}{3}=\frac{6}{15}+2\frac{\square}{15}=2\frac{\square}{15}=2+\square\frac{\square}{15}=\square$

② 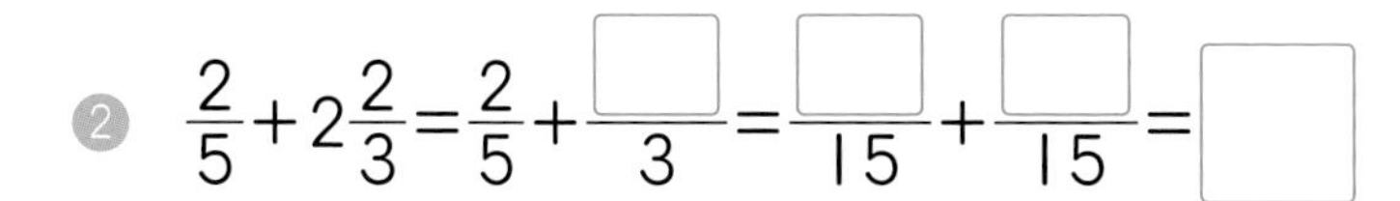

$\frac{2}{5}+2\frac{2}{3}=\frac{2}{5}+\frac{\square}{3}=\frac{\square}{15}+\frac{\square}{15}=\square$

②の答えを帯分数になおすと，①と同じ数になるよ。

2 計算をしましょう。　1つ7【14点】

① $\frac{1}{2}+2\frac{2}{3}$

② $1\frac{4}{5}+\frac{4}{7}$

大切　真分数の部分どうしの和が仮分数になるときは，整数の部分にくり上げた数をたすのをわすれないように注意しましょう。

3 計算をしましょう。 1つ7【70点】

① $1\frac{5}{7}+2\frac{1}{3}$

② $1\frac{3}{4}+1\frac{7}{9}$

③ $3\frac{5}{6}+1\frac{1}{3}$

④ $2\frac{1}{5}+1\frac{9}{10}$

⑤ $\frac{5}{6}+2\frac{2}{3}$

⑥ $1\frac{2}{3}+\frac{8}{15}$

⑦ $1\frac{4}{5}+1\frac{12}{35}$

⑧ $2\frac{4}{9}+2\frac{2}{3}$

⑨ $3\frac{2}{5}+\frac{14}{15}$

⑩ $1\frac{4}{7}+1\frac{13}{14}$

おうちの方へ

くり上がりのある帯分数のたし算では，途中の計算が複雑になるので計算間違いをしやすくなります。ていねいに計算するように心がけましょう。

21 3つの分数のたし算

月 日	時 分～ 時 分
名前	点

じゅんび

$\frac{1}{3}+\frac{2}{5}+\frac{1}{6}$ の計算(3つの分数のたし算)

$$\frac{1}{3}+\frac{2}{5}+\frac{1}{6}=\frac{5}{15}+\frac{6}{15}+\frac{1}{6}=\frac{11}{15}+\frac{1}{6}=\frac{22}{30}+\frac{5}{30}=\frac{\overset{9}{\cancel{27}}}{\underset{10}{\cancel{30}}}=\frac{9}{10}$$

2つの分数のたし算を，前から2回くり返して計算する。

$$\frac{1}{3}+\frac{2}{5}+\frac{1}{6}=\frac{10}{30}+\frac{12}{30}+\frac{5}{30}=\frac{\overset{9}{\cancel{27}}}{\underset{10}{\cancel{30}}}=\frac{9}{10}$$

どちらでも計算できるようにしよう。

3つの分数を，一度に通分して計算する。

1 □にあてはまる数を書きましょう。 1つ10【20点】

① $\frac{1}{8}+\frac{1}{4}+\frac{1}{2}=\frac{1}{8}+\frac{\square}{8}+\frac{1}{2}=\frac{\square}{8}+\frac{1}{2}=\frac{\square}{8}+\frac{4}{8}=\square$

② $\frac{1}{8}+\frac{1}{4}+\frac{1}{2}=\frac{1}{8}+\frac{\square}{8}+\frac{\square}{8}=\square$

2 計算をしましょう。 1つ8【16点】

① $\frac{1}{3}+\frac{1}{6}+\frac{1}{2}$

② $\frac{3}{10}+\frac{3}{5}+\frac{1}{2}$

大切 3つの分数のたし算は，2つの分数の計算を2回くり返す方法と，3つの分数を一度に通分して計算する方法があります。

3 計算をしましょう。 1つ8【64点】

① $\frac{2}{3}+\frac{1}{5}+\frac{1}{15}$

② $\frac{1}{6}+\frac{2}{9}+\frac{5}{36}$

③ $\frac{1}{6}+\frac{1}{8}+\frac{5}{12}$

④ $\frac{3}{8}+\frac{1}{3}+\frac{3}{4}$

⑤ $\frac{5}{12}+\frac{1}{6}+\frac{1}{4}$

⑥ $\frac{5}{6}+\frac{1}{24}+\frac{3}{8}$

⑦ $\frac{4}{7}+\frac{1}{3}+\frac{1}{6}$

⑧ $\frac{4}{15}+\frac{3}{10}+\frac{1}{6}$

おうちの方へ

計算のやり方は２通りあり，どちらで計算してもかまいません。できれば，どちらのやり方でも計算できるようにしておくと良いでしょう。

月　日　時　分～　時　分

名前　　点

1 次の分数を約分しましょう。　1つ4【24点】

① $\frac{6}{8}$　（　　）　② $\frac{9}{15}$　（　　）

③ $\frac{21}{28}$　（　　）　④ $1\frac{20}{45}$　（　　）

⑤ $2\frac{18}{30}$　（　　）　⑥ $\frac{36}{16}$　（　　）

2 （　）の中の分数を通分しましょう。　1つ4【24点】

① $\left(\frac{1}{6}, \frac{2}{3}\right)$　（　　）　② $\left(\frac{4}{9}, \frac{5}{6}\right)$　（　　）

③ $\left(1\frac{3}{4}, 2\frac{7}{10}\right)$　（　　）　④ $\left(3\frac{2}{5}, 1\frac{11}{15}\right)$　（　　）

⑤ $\left(\frac{7}{4}, \frac{17}{14}\right)$　（　　）　⑥ $\left(\frac{1}{3}, \frac{3}{4}, \frac{9}{10}\right)$　（　　）

ヒント　4 ①は，3つの分数の分母を30に通分してみましょう。
②は，帯分数の分母が6のとき，分子が何になるかを考えてみましょう。

3 計算をしましょう。 1つ5【40点】

① $\frac{3}{8}+\frac{1}{2}$

② $\frac{10}{11}+\frac{2}{5}$

③ $\frac{5}{12}+\frac{8}{15}$

④ $2\frac{1}{6}+2\frac{1}{5}$

⑤ $3\frac{2}{9}+\frac{5}{18}$

⑥ $1\frac{3}{4}+3\frac{5}{6}$

⑦ $\frac{1}{10}+\frac{1}{12}+\frac{1}{30}$

⑧ $\frac{1}{12}+\frac{3}{4}+\frac{5}{18}$

4 □にあてはまる数を書きましょう。 1つ6【12点】

① $\frac{3}{10}+\frac{\square}{30}=\frac{2}{3}$

② $2\frac{\square}{6}+\frac{3}{4}=2\frac{\square}{\square}$

もっと練習

(1) $\frac{9}{20}+\frac{4}{5}$ (2) $1\frac{3}{4}+2\frac{1}{2}$ (3) $1\frac{1}{2}+1\frac{7}{10}$

帯分数のたし算では，整数の部分と真分数の部分に分けて計算するときに間違えやすくなります。答えの約分も忘れないように注意しましょう。

23 分数のひき算 ①

月　日　時　分～　時　分

名前　　　　点

じゅんび

$\frac{1}{3}-\frac{2}{7}$ の計算

$$\frac{1}{3}-\frac{2}{7}=\frac{7}{21}-\frac{6}{21}=\frac{1}{21}$$

分母がちがう分数のひき算は，通分して同じ分母の分数になおしてから，分子だけひく。

分母を３と７の最小公倍数の21にして通分するよ！

1 □にあてはまる数を書きましょう。　1つ5【10点】

① $\frac{4}{5}-\frac{1}{3}=\frac{\square}{15}-\square=\square$

② $\frac{9}{10}-\frac{3}{5}=\frac{9}{10}-\square=\square$

2 計算をしましょう。　1つ5【30点】

① $\frac{5}{7}-\frac{1}{4}$

② $\frac{7}{9}-\frac{1}{4}$

③ $\frac{5}{6}-\frac{2}{5}$

④ $\frac{7}{4}-\frac{2}{3}$

⑤ $\frac{5}{3}-\frac{6}{7}$

⑥ $\frac{3}{2}-\frac{4}{5}$

大切　分母がちがう分数のひき算は，分母がいちばん小さくなるように，分母の最小公倍数を共通な分母にして通分します。

3 計算をしましょう。　1つ5【60点】

① $\frac{5}{8}-\frac{1}{2}$

② $\frac{7}{8}-\frac{1}{4}$

③ $\frac{8}{15}-\frac{2}{5}$

④ $\frac{5}{3}-\frac{8}{9}$

⑤ $\frac{5}{8}-\frac{1}{6}$

⑥ $\frac{11}{12}-\frac{3}{8}$

⑦ $\frac{10}{9}-\frac{5}{6}$

⑧ $\frac{13}{14}-\frac{3}{8}$

⑨ $\frac{13}{10}-\frac{4}{15}$

⑩ $\frac{11}{24}-\frac{7}{16}$

⑪ $\frac{17}{25}-\frac{7}{15}$

⑫ $\frac{11}{3}-\frac{12}{5}$

分数の分子や分母が大きい数のときは，通分するときに計算間違いをしないように注意しましょう。

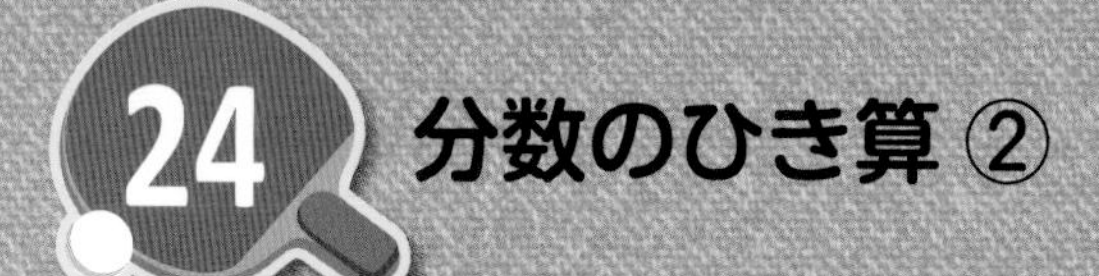

24 分数のひき算 ②

月　日　時　分～　時　分

名前　　　　　　点

じゅんび

$\frac{5}{9}-\frac{7}{18}$ の計算（答えを約分する）

$$\frac{5}{9}-\frac{7}{18}=\frac{10}{18}-\frac{7}{18}=\frac{\overset{1}{\cancel{3}}}{\underset{6}{\cancel{18}}}=\frac{1}{6}$$

分数のひき算で答えが約分できるときは，必ず約分するよ！

1 □にあてはまる数を書きましょう。

1つ10【20点】

① $\frac{1}{2}-\frac{1}{10}=\frac{\square}{10}-\frac{1}{10}=\frac{\overset{\square}{\cancel{\square}}}{\underset{\square}{\cancel{10}}}=\square$

② $\frac{7}{6}-\frac{3}{10}=\frac{\square}{30}-\frac{9}{30}=\frac{\overset{\square}{\cancel{\square}}}{\underset{\square}{\cancel{30}}}=\square$

2 計算をしましょう。

1つ5【20点】

① $\frac{1}{3}-\frac{2}{15}$

② $\frac{3}{4}-\frac{1}{12}$

③ $\frac{9}{10}-\frac{2}{5}$

④ $\frac{20}{21}-\frac{2}{7}$

大切　通分して，次にひき算をして，最後に答えの約分をします。通分や約分をするときは，計算まちがいに注意しましょう。

3 計算をしましょう。　　1つ6【60点】

① $\frac{7}{12}-\frac{1}{3}$

② $\frac{4}{5}-\frac{2}{15}$

③ $\frac{5}{6}-\frac{3}{14}$

④ $\frac{13}{15}-\frac{7}{10}$

⑤ $\frac{5}{6}-\frac{1}{10}$

⑥ $\frac{11}{12}-\frac{3}{4}$

⑦ $\frac{7}{6}-\frac{2}{3}$

⑧ $\frac{17}{15}-\frac{3}{10}$

⑨ $\frac{6}{5}-\frac{13}{40}$

⑩ $\frac{13}{12}-\frac{11}{15}$

答えの約分を忘れてしまったり，約分を間違えたりする場合があります。
計算は，途中の式もていねいに書くようにしましょう。

25 分数のひき算 ③

月　日　時　分～　時　分
名前　点

じゅんび

$2\frac{2}{3}-1\frac{1}{5}$ の計算（帯分数のひき算）

$$2\frac{2}{3}-1\frac{1}{5}=2\frac{10}{15}-1\frac{3}{15}=1\frac{7}{15}$$

整数…2－1＝1　真分数…$\frac{10}{15}-\frac{3}{15}=\frac{7}{15}$

通分してから，整数の部分どうしと真分数の部分どうしを，それぞれひく。

$$2\frac{2}{3}-1\frac{1}{5}=\frac{8}{3}-\frac{6}{5}=\frac{40}{15}-\frac{18}{15}=\frac{22}{15}$$

仮分数（かぶんすう）になおす。

帯分数を，それぞれ仮分数になおしてから，ひき算をする。

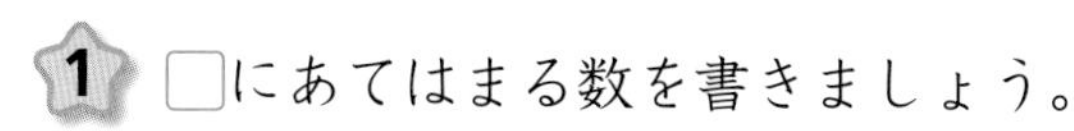

1 □にあてはまる数を書きましょう。　1つ6【12点】

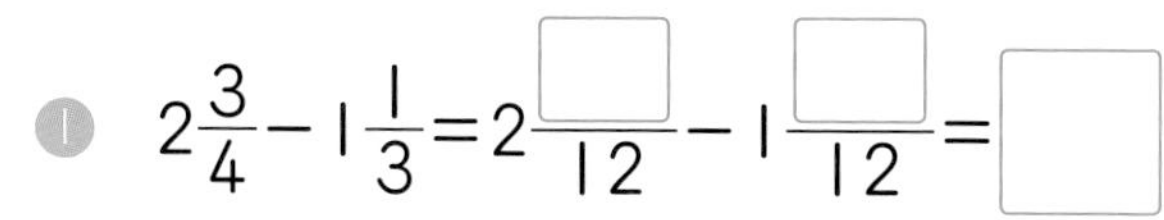

① $2\frac{3}{4}-1\frac{1}{3}=2\frac{\square}{12}-1\frac{\square}{12}=\square$

②の答えを帯分数になおして，①の答えと同じになることを確（たし）かめてみよう。

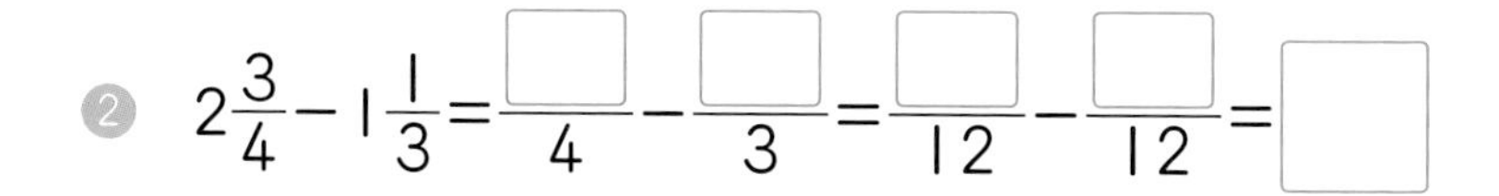

② $2\frac{3}{4}-1\frac{1}{3}=\frac{\square}{4}-\frac{\square}{3}=\frac{\square}{12}-\frac{\square}{12}=\square$

2 計算をしましょう。　1つ8【16点】

① $3\frac{4}{5}-2\frac{2}{3}$

② $2\frac{3}{4}-\frac{2}{5}$

大切　帯分数のひき算は，「整数どうしと真分数どうしをひく」，「帯分数を仮分数になおしてからひく」の2通りの方法があります。

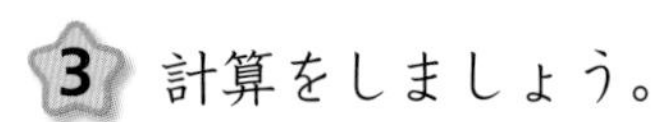

3 計算をしましょう。

1つ8【72点】

① $5\frac{2}{3}-2\frac{1}{12}$

② $3\frac{5}{9}-3\frac{2}{15}$

③ $3\frac{7}{8}-1\frac{3}{14}$

④ $2\frac{3}{5}-1\frac{1}{10}$

⑤ $5\frac{5}{6}-4\frac{2}{15}$

⑥ $1\frac{7}{9}-\frac{5}{18}$

⑦ $4\frac{4}{5}-3\frac{1}{20}$

⑧ $3\frac{5}{12}-2\frac{4}{15}$

⑨ $3\frac{4}{21}-1\frac{1}{12}$

答えが約分できるときは，必ず約分しよう！

帯分数のひき算は２通りの方法があり，どちらで計算をしても良いです。
できれば，どちらの方法を使っても解けるようにしましょう。

月　日　時　分～　時　分
名前　点

26 分数のひき算 ④

じゅんび

$2\frac{7}{10}-1\frac{4}{5}$ の計算(整数の部分からくり下げる帯分数のひき算)

$2\frac{7}{10}-1\frac{4}{5}=2\frac{7}{10}-1\frac{8}{10}=1\frac{17}{10}-1\frac{8}{10}=\frac{9}{10}$

1 くり下げる。

通分してから，真分数の部分どうしがひき算できないときは，ひかれる数の整数の部分から 1 くり下げる。

$2\frac{7}{10}-1\frac{4}{5}=\frac{27}{10}-\frac{9}{5}=\frac{27}{10}-\frac{18}{10}=\frac{9}{10}$

帯分数を，それぞれ仮分数(かぶんすう)になおしてから，ひき算をする。

どちらの方法でも解(と)けるようにしよう。

1 □にあてはまる数を書きましょう。　1つ6【12点】

① $2\frac{1}{4}-1\frac{2}{3}=2\frac{\square}{12}-1\frac{\square}{12}=1\frac{\square}{12}-1\frac{\square}{12}=\square$

② $2\frac{1}{4}-1\frac{2}{3}=\frac{\square}{4}-\frac{\square}{3}=\frac{\square}{12}-\frac{\square}{12}=\square$

2 計算をしましょう。　1つ8【16点】

① $3\frac{2}{15}-1\frac{2}{3}$

② $2\frac{1}{3}-\frac{1}{2}$

注意 ひかれる数の整数の部分から 1 くり下げるときは，ひかれる数の整数の部分から 1 ひくのをわすれないようにしましょう。

3 計算をしましょう。 1つ8【72点】

❶ $3\frac{3}{7}-2\frac{2}{3}$

❷ $4\frac{1}{7}-2\frac{11}{14}$

❸ $3\frac{1}{6}-\frac{7}{8}$

❹ $1\frac{1}{6}-\frac{1}{2}$

❺ $2\frac{3}{20}-1\frac{2}{5}$

❻ $4\frac{1}{10}-1\frac{5}{6}$

❼ $1\frac{5}{36}-\frac{5}{12}$

❽ $2\frac{3}{10}-1\frac{7}{15}$

❾ $3\frac{1}{12}-2\frac{9}{20}$

答えが約分できるときは，必ず約分しよう！

帯分数のひき算では，帯分数を仮分数に直してから計算すると，整数の部分からのくり下がりを気にすることなく解くことができます。

月 日	時 分〜 時 分
名前	点

27 3つの分数のひき算

じゅんび

$\frac{5}{6}-\frac{2}{5}-\frac{1}{3}$ の計算（3つの分数のひき算）

$$\frac{5}{6}-\frac{2}{5}-\frac{1}{3}=\frac{25}{30}-\frac{12}{30}-\frac{1}{3}=\frac{13}{30}-\frac{1}{3}=\frac{13}{30}-\frac{10}{30}=\frac{\overset{1}{\cancel{3}}}{\underset{10}{\cancel{30}}}=\frac{1}{10}$$

2つの分数のひき算を，前から2回くり返して計算する。

$$\frac{5}{6}-\frac{2}{5}-\frac{1}{3}=\frac{25}{30}-\frac{12}{30}-\frac{10}{30}=\frac{\overset{1}{\cancel{3}}}{\underset{10}{\cancel{30}}}=\frac{1}{10}$$

どちらでも計算できるようにしよう。

3つの分数を，一度に通分して計算する。

1 □にあてはまる数を書きましょう。　1つ10【20点】

① $\frac{7}{8}-\frac{1}{2}-\frac{1}{6}=\frac{7}{8}-\frac{\square}{8}-\frac{1}{6}=\frac{\square}{8}-\frac{1}{6}=\frac{\square}{24}-\frac{4}{24}=\square$

② $\frac{7}{8}-\frac{1}{2}-\frac{1}{6}=\frac{21}{24}-\frac{\square}{24}-\frac{\square}{24}=\square$

2 計算をしましょう。　1つ8【16点】

① $\frac{4}{5}-\frac{1}{2}-\frac{1}{4}$

② $\frac{9}{4}-\frac{1}{6}-\frac{5}{8}$

大切　3つの分数のひき算は，2つの分数の計算を2回くり返す方法と，3つの分数を一度に通分して計算する方法があります。

計算をしましょう。 1つ8【64点】

① $\frac{3}{4}-\frac{1}{3}-\frac{1}{6}$

② $\frac{9}{10}-\frac{1}{5}-\frac{1}{2}$

③ $\frac{2}{9}+\frac{5}{6}-\frac{2}{3}$

④ $\frac{2}{5}+\frac{2}{3}-\frac{1}{6}$

⑤ $\frac{3}{4}-\frac{1}{2}+\frac{2}{5}$

⑥ $\frac{2}{3}-\frac{7}{15}+\frac{3}{5}$

⑦ $\frac{2}{3}-\left(\frac{3}{4}-\frac{5}{8}\right)$

⑧ $\frac{7}{3}-\left(\frac{2}{5}+\frac{4}{15}\right)$

計算のやり方は2通りあり，どちらで計算してもかまいません。できれば，どちらのやり方でも計算できるようにしておくと良いでしょう。

28 23～27のドリル

月　日　時　分～　時　分

名前　　点

1 計算をしましょう。　1つ5【50点】

① $\frac{10}{11}-\frac{1}{2}$

② $\frac{7}{8}-\frac{3}{4}$

③ $\frac{8}{7}-\frac{2}{5}$

④ $\frac{3}{4}-\frac{1}{6}$

⑤ $\frac{5}{6}-\frac{1}{2}$

⑥ $\frac{4}{5}-\frac{11}{20}$

⑦ $\frac{13}{15}-\frac{9}{20}$

⑧ $\frac{5}{21}-\frac{1}{6}$

⑨ $\frac{7}{8}-\frac{17}{24}$

⑩ $\frac{15}{14}-\frac{5}{21}$

ヒント

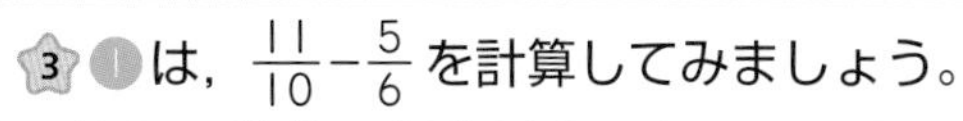
3 ①は，$\frac{11}{10}-\frac{5}{6}$ を計算してみましょう。
②は，ひき算の答えの整数の部分が 1 になっていることから考えましょう。

2 計算をしましょう。

1つ5【40点】

① $4\frac{2}{3}-3\frac{1}{7}$

② $3\frac{4}{5}-1\frac{3}{10}$

③ $2\frac{2}{9}-\frac{5}{6}$

④ $2\frac{1}{6}-1\frac{2}{3}$

⑤ $\frac{11}{12}-\frac{2}{9}-\frac{1}{6}$

⑥ $\frac{17}{10}-\frac{1}{2}-\frac{3}{5}$

⑦ $\frac{2}{5}-\frac{1}{3}+\frac{5}{6}$

⑧ $\frac{5}{6}+\frac{8}{21}-\frac{5}{7}$

3 □にあてはまる数を書きましょう。

1つ5【10点】

① $\frac{11}{10}-\frac{\square}{15}=\frac{5}{6}$

② $2\frac{\square}{6}-\frac{1}{4}=1\frac{\square}{\square}$

(1) $2\frac{1}{8}-\frac{3}{4}$　(2) $3\frac{2}{5}-2\frac{9}{10}$　(3) $\frac{3}{2}-\left(\frac{4}{5}-\frac{1}{3}\right)$

帯分数のひき算で真分数の部分どうしがひき算できないときは，整数の部分を1くり下げて，分数の部分のひき算ができるようにします。

月　日　　●目標 20 分

名前　　　　点

1 □にあてはまる不等号を書きましょう。　1つ5【20点】

❶ $\frac{2}{3}$ □ $\frac{15}{21}$　　❷ $\frac{4}{5}$ □ $\frac{11}{13}$

❸ $\frac{5}{12}$ □ $\frac{3}{8}$　　❹ $\frac{11}{7}$ □ $1\frac{7}{14}$

2 計算をしましょう。　1つ5【30点】

❶ $\frac{2}{7}+\frac{1}{5}$　　❷ $\frac{4}{9}+\frac{5}{6}$

❸ $\frac{5}{12}+\frac{1}{3}$　　❹ $\frac{8}{15}+\frac{3}{10}$

❺ $2\frac{5}{9}+\frac{5}{18}$　　❻ $1\frac{2}{3}+1\frac{5}{6}$

分数は4000年も前からエジプトなどで使われていました。1000年くらい前には，分母と分子を ― で区切る表し方になりました。

3 計算をしましょう。 1つ5【50点】

① $\frac{5}{8}-\frac{1}{4}$

② $\frac{7}{12}-\frac{3}{8}$

③ $\frac{6}{5}-\frac{13}{15}$

④ $\frac{8}{15}-\frac{9}{20}$

⑤ $3\frac{1}{9}-\frac{5}{6}$

⑥ $3\frac{1}{15}-1\frac{2}{3}$

⑦ $\frac{3}{4}+\frac{1}{8}+\frac{1}{2}$

⑧ $\frac{1}{6}+\frac{1}{2}-\frac{5}{9}$

⑨ $\frac{1}{2}-\frac{1}{6}+\frac{1}{3}$

⑩ $\frac{3}{2}-\frac{3}{8}-\frac{2}{5}$

ふりかえり

0〜60点 がんばろう

61〜80点 もう少し

81〜100点 よくできたね!

感想

わり算と分数の関係

月　日　時　分～　時　分

名前　点

じゅんび

わり算を分数で表す。

$■ \div ● = \frac{■}{●}$（■：わられる数、●：わる数）

整数どうしのわり算の商は，分数で表すことができる。
わられる数が分子，わる数が分母になる。

1 わり算の商を分数で表しましょう。　1つ4【40点】

❶ $3 \div 7$　（　　）

❷ $5 \div 9$　（　　）

❸ $6 \div 11$　（　　）

❹ $12 \div 17$　（　　）

❺ $1 \div 10$　（　　）

❻ $1 \div 16$　（　　）

❼ $7 \div 3$　（　　）

❽ $10 \div 9$　（　　）

❾ $12 \div 5$　（　　）

❿ $20 \div 11$　（　　）

ねらい　わり算と分数の関係を覚えましょう。

$■ \div ● = \frac{■}{●}$　　$\frac{■}{●} = ■ \div ●$

じゅんび

分数をわり算で表す。

$\frac{■}{●}=■÷●$

分子　分母

分数は，整数どうしのわり算の形に表すことができる。
分子がわられる数，分母がわる数になる。

2 □にあてはまる数を書きましょう。　1つ5【60点】

① $\frac{5}{8}=5÷\square$

② $\frac{2}{9}=2÷\square$

③ $\frac{1}{7}=\square÷7$

④ $\frac{7}{8}=\square÷8$

⑤ $\frac{5}{4}=5÷\square$

⑥ $\frac{8}{3}=\square÷3$

⑦ $\frac{11}{10}=\square÷10$

⑧ $\frac{6}{5}=6÷\square$

⑨ $\frac{2}{15}=\square÷15$

⑩ $\frac{15}{8}=15÷\square$

⑪ $\frac{11}{6}=\square÷6$

⑫ $\frac{21}{20}=\square÷20$

わり算の商を分数で表すとき，分母と分子を逆にしてしまう間違いに気をつけましょう。わられる数が分子，わる数が分母になります。

31 分数と小数・整数の関係 ①

月　日　時　分～　時　分

名前　　　　点

じゅんび

分数$\left(\frac{3}{5}, \frac{2}{3}\right)$を小数で表す。

$\frac{3}{5}=3\div5=0.6$　分子 ÷ 分母を計算！

$\frac{2}{3}=2\div3=0.666\cdots\cdots$

分数を小数で表すには，分子を分母でわる。

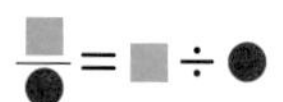

わりきれないときは，四捨五入(ししゃごにゅう)してがい数で表すこともあるよ。

1 次の分数を，小数で表しましょう。　1つ5【40点】

① $\frac{1}{2}$　(　　　)

② $\frac{1}{4}$　(　　　)

③ $\frac{3}{4}$　(　　　)

④ $\frac{4}{5}$　(　　　)

⑤ $\frac{7}{10}$　(　　　)

⑥ $\frac{5}{8}$　(　　　)

⑦ $\frac{7}{8}$　(　　　)

⑧ $\frac{9}{10}$　(　　　)

大切　**2**は，分数を小数で表してから，分数と小数の大きさを比(くら)べて不等号を書きましょう。

2 □にあてはまる不等号を書きましょう。

1つ5【20点】

① $\frac{2}{5}$ □ 0.3

② $\frac{3}{8}$ □ 0.4

③ $\frac{13}{20}$ □ 0.6

④ $\frac{9}{16}$ □ 0.56

3 次の分数を，小数や整数で表しましょう。小数で正確(せいかく)に表せないときは，四捨五入(ししゃごにゅう)して，$\frac{1}{100}$の位までのがい数で表しましょう。

1つ5【40点】

① $\frac{11}{5}$ (　　　)

② $\frac{9}{4}$ (　　　)

③ $\frac{27}{9}$ (　　　)

④ $\frac{52}{13}$ (　　　)

⑤ $\frac{8}{9}$ (　　　)

⑥ $\frac{11}{6}$ (　　　)

⑦ $2\frac{1}{5}$ (　　　)

⑧ $4\frac{1}{8}$ (　　　)

おうちの方へ

分数を小数や整数で表すとき，分子÷分母が0.66……，のような同じ数が続く小数になることがあります。このような小数を循環小数と呼びます。

月　日　時　分～　時　分
名前　点

32 分数と小数・整数の関係 ②

じゅんび

小数(0.7, 0.31)を分数で表す。

$0.1=\frac{1}{10}$ だから，$0.7=\frac{7}{10}$ ←0.1 が 7 個分。

$0.01=\frac{1}{100}$ だから，$0.31=\frac{31}{100}$ ←0.01 が 31 個分。

小数は，10，100，1000 などを分母とする分数で表すことができる。

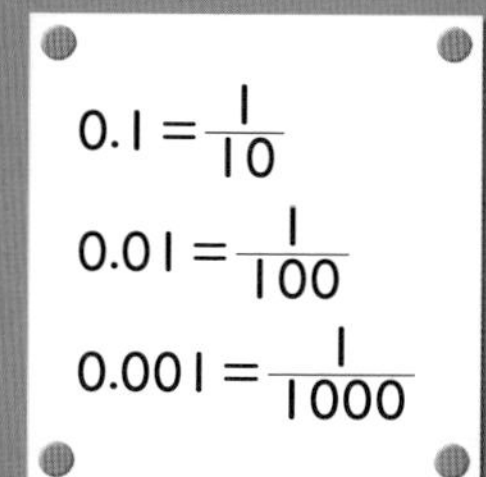

$0.1=\frac{1}{10}$

$0.01=\frac{1}{100}$

$0.001=\frac{1}{1000}$

1 □にあてはまる数を書きましょう。　1つ5【10点】

❶ $0.1=\frac{1}{10}$ だから，$0.9=\frac{9}{\square}$

❷ $0.01=\frac{1}{100}$ だから，$1.37=\frac{137}{\square}$

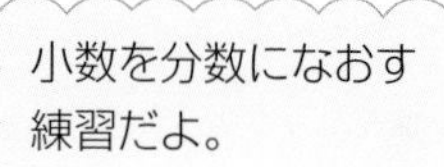

2 次の小数を，分数で表しましょう。　1つ5【30点】

❶ 0.3　(　　)

❷ 0.07　(　　)

❸ 0.73　(　　)

❹ 0.6　(　　)

❺ 3.7　(　　)

❻ 1.09　(　　)

大切　整数を分数で表すときは，分母を 2 や 3 にすることもできますが，分母を 1 にするのがいちばんかん単です。

じゅんび

整数 6 を分数で表す。

$6=6\div1=\frac{6}{1}$ 分母を 1 にする。

整数は，1 などを分母とする分数で表すことができる。

3 次の小数や整数を，分数で表しましょう。 1つ5【60点】

① 0.9 （　　　）

② 5 （　　　）

③ 7 （　　　）

④ 0.41 （　　　）

⑤ 0.08 （　　　）

⑥ 3.3 （　　　）

⑦ 2.19 （　　　）

⑧ 17 （　　　）

⑨ 1.23 （　　　）

⑩ 1 （　　　）

⑪ 0.007 （　　　）

⑫ 1.011 （　　　）

小数を分数で表したときに約分できる場合があります。もちろん約分しても正解ですが，この段階では約分しない形でも正解にします。

分数と小数のたし算

月　日　時　分～　時　分
名前　　点

じゅんび

$\frac{1}{4}+0.3$ の計算

$\frac{1}{4}+0.3=\frac{1}{4}+\frac{3}{10}=\frac{5}{20}+\frac{6}{20}=\frac{11}{20}$

$\frac{1}{4}+0.3=\underline{0.25}+0.3=0.55$

1÷4 を計算

分数と小数のたし算は，小数を分数で表すか，分数を小数で表して計算するよ。

1 □にあてはまる数を書きましょう。　1つ5【10点】

❶ $\frac{3}{5}+0.3=\frac{3}{5}+\frac{\square}{10}=\frac{6}{10}+\frac{\square}{10}=\square$

❷ $\frac{3}{5}+0.3=\square+0.3=\square$

2 計算をしましょう。　1つ5【20点】

❶ $\frac{7}{10}+0.6$

❷ $0.8+\frac{3}{5}$

❸ $\frac{1}{4}+0.45$

❹ $3.2+1\frac{2}{5}$

大切　分数を小数に，小数を分数で表せるように練習しましょう。
分数を小数で正確(せいかく)に表せないときは，分数にそろえて計算します。

じゅんび

$\frac{1}{3}+0.7$ の計算

$$\frac{1}{3}+0.7=\frac{1}{3}+\frac{7}{10}=\frac{10}{30}+\frac{21}{30}=\frac{31}{30}\left(1\frac{1}{30}\right)$$

分数にそろえれば，いつでも計算できる。

$1\div3=0.333\cdots$
だから，$\frac{1}{3}$ は小数で正確に表せないね。

3 計算をしましょう。　1つ7【70点】

❶ $\frac{1}{6}+0.5$

❷ $\frac{2}{3}+0.2$

❸ $0.4+\frac{2}{9}$

❹ $1.4+1\frac{2}{3}$

❺ $5.3+\frac{1}{2}$

❻ $\frac{3}{4}+0.5$

❼ $\frac{7}{20}+0.35$

❽ $1.2+\frac{4}{5}$

❾ $0.75+\frac{5}{12}$

❿ $\frac{1}{3}+0.8$

分数と小数のたし算では，分数を小数で正確に表せない場合があります。
分数にそろえれば，いつでも計算できます。

34 分数と小数のひき算

月　日　時　分～　時　分

名前　　　　点

じゅんび

$\frac{3}{4}-0.3$ の計算

$\frac{3}{4}-0.3=\frac{3}{4}-\frac{3}{10}=\frac{15}{20}-\frac{6}{20}=\frac{9}{20}$

$\frac{3}{4}-0.3=\underline{0.75}-0.3=0.45$

3÷4 を計算

分数と小数のひき算も，小数を分数で表すか，分数を小数で表して計算するよ。

1 □にあてはまる数を書きましょう。　1つ5【10点】

① $\frac{3}{5}-0.3=\frac{3}{5}-\frac{\square}{10}=\frac{6}{10}-\frac{\square}{10}=\square$

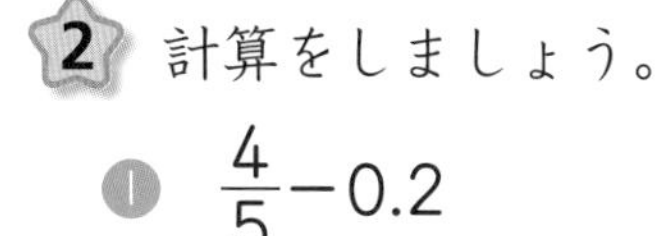

② $\frac{3}{5}-0.3=\square-0.3=\square$

2 計算をしましょう。　1つ5【20点】

① $\frac{4}{5}-0.2$

② $0.9-\frac{3}{10}$

③ $\frac{7}{10}-0.25$

④ $1.8-1\frac{2}{5}$

大切　分数と小数のひき算でも，分数を小数で正確(せいかく)に表せない場合があります。分数にそろえれば，いつでも計算できます。

じゅんび

$0.7-\frac{1}{3}$ の計算

$$0.7-\frac{1}{3}=\frac{7}{10}-\frac{1}{3}=\frac{21}{30}-\frac{10}{30}=\frac{11}{30}$$

分数にそろえれば，いつでも計算できる。

$1 \div 3 = 0.333\cdots$
だから，$\frac{1}{3}$ は小数で正確に表せないね。

3 計算をしましょう。　　1つ7【70点】

❶ $\frac{2}{3}-0.2$　　❷ $0.5-\frac{1}{6}$

❸ $0.4-\frac{1}{9}$　　❹ $1.8-1\frac{2}{3}$

❺ $2.3-\frac{1}{2}$　　❻ $\frac{3}{4}-0.35$

❼ $1.6-\frac{3}{25}$　　❽ $\frac{11}{20}-0.45$

❾ $0.75-\frac{1}{3}$　　❿ $0.8-\frac{3}{7}$

分数と小数のひき算でも，分数を小数で正確に表せない場合があります。そのときは分数にそろえて計算するようにしましょう。

月　日　時　分〜　時　分

名前　　点

1 □にあてはまる数を書きましょう。　1つ4【24点】

❶ $\frac{5}{19}=5\div\square$

❷ $\frac{13}{11}=13\div\square$

❸ $\frac{1}{20}=\square\div20$

❹ $\frac{9}{7}=\square\div7$

❺ $2\frac{1}{3}=\square\div3$

❻ $3\frac{\square}{5}=16\div5$

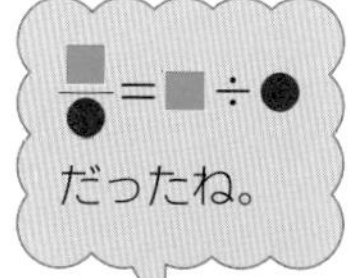

2 次の分数を，小数や整数で表しましょう。　1つ5【30点】

❶ $\frac{13}{4}$　（　　）

❷ $\frac{6}{5}$　（　　）

❸ $\frac{56}{7}$　（　　）

❹ $\frac{52}{26}$　（　　）

❺ $2\frac{1}{4}$　（　　）

❻ $3\frac{5}{8}$　（　　）

ヒント　1❺は，「＝」の左の帯分数を仮分数（かぶんすう）になおして考えます。
❻は，「＝」の右のわり算を仮分数になおしてから帯分数にします。

3 次の小数や整数を，分数で表しましょう。　1つ4【16点】

❶ 0.93　(　　　)

❷ 11　(　　　)

❸ 1.29　(　　　)

❹ 1.007　(　　　)

4 計算をしましょう。　1つ5【30点】

❶ $\frac{1}{2}+0.75$

❷ $\frac{4}{5}+0.6$

❸ $1.25+1\frac{1}{4}$

❹ $1.2-\frac{4}{5}$

❺ $\frac{8}{5}-0.25$

❻ $2.25-1\frac{3}{4}$

(1) $\frac{1}{2}+\frac{3}{4}-0.4$

(2) $1\frac{3}{4}-0.9+\frac{2}{5}$

分数と小数のたし算・ひき算は，計算する小数や分数の数が増えても計算の方法は変わりません。小数や分数にそろえてから計算をしましょう。

36 30～35の かくにんテスト

月　日　目標20分
名前　点

1 わり算の商を，できるだけかん単な分数で表しましょう。　1つ3【12点】

① $2\div3$　（　　）

② $1\div11$　（　　）

③ $6\div18$　（　　）

④ $12\div16$　（　　）

2 □にあてはまる不等号を書きましょう。　1つ4【16点】

① $\frac{4}{5}$ □ 0.75

② $\frac{5}{6}$ □ 0.8

③ 1.1 □ $\frac{9}{8}$

④ 2.55 □ $2\frac{3}{5}$

3 次の分数を，小数や整数で表しましょう。小数で正確（せいかく）に表せないときは，四捨五入（ししゃごにゅう）して，$\frac{1}{100}$の位までのがい数で表しましょう。　1つ4【16点】

① $\frac{9}{25}$　（　　）

② $\frac{3}{8}$　（　　）

③ $\frac{68}{17}$　（　　）

④ $\frac{7}{6}$　（　　）

豆知識

整数は，分母を1，2，3など，どんな数に決めても，分数で表すことができます。

$4=\frac{4}{1}=\frac{8}{2}=\frac{12}{3}=\cdots$

4 次の小数を，分数で表しましょう。　1つ4【16点】

❶ 0.23　(　　　)

❷ 2.7　(　　　)

❸ 0.16　(　　　)

❹ 3.03　(　　　)

5 次の計算をしましょう。　1つ5【40点】

❶ $\frac{2}{3}+2.5$

❷ $1.2+\frac{4}{15}$

❸ $1\frac{5}{6}+3.5$

❹ $0.08+\frac{9}{5}$

❺ $\frac{5}{8}-0.6$

❻ $0.36-\frac{4}{25}$

❼ $\frac{5}{4}-1.125$

❽ $2.25-1\frac{2}{3}$

ふりかえり

0〜60点 がんばろう

61〜80点 もう少し

81〜100点 よくできたね!

感想

やってみよう！

月　日　目標30分

名前

●□にあてはまる数は？

下の図のように，たてや横に見ると，たし算やひき算になる式があります。
□にあてはまる数は何かな？

$\frac{1}{4}$	$+$	$\frac{5}{6}$	$=$	❶
$+$		$+$		$+$
$\frac{7}{9}$	$+$	❷	$=$	❸
$=$		$=$		$=$
❹	$+$	$\frac{8}{9}$	$=$	❺

横に見ると，$\frac{1}{4}+\frac{5}{6}=\square$

たてに見ると，$\frac{5}{6}+\square=\frac{8}{9}$

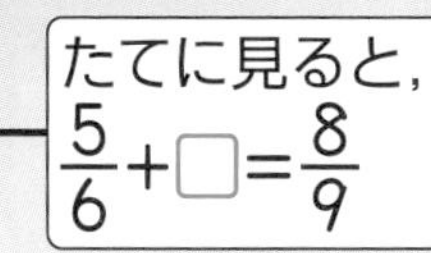

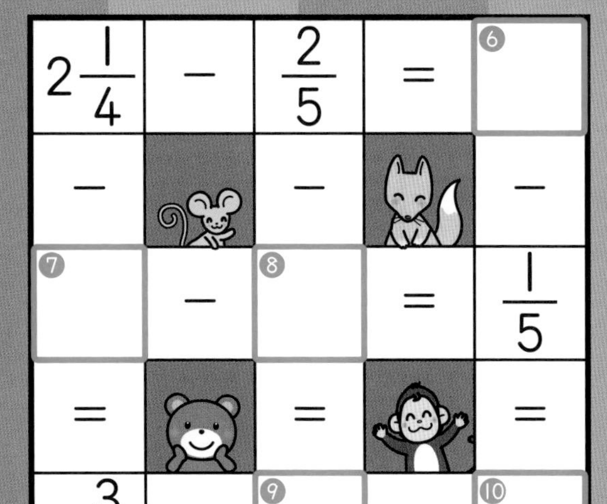

$2\frac{1}{4}$	$-$	$\frac{2}{5}$	$=$	❻
$-$		$-$		$-$
❼	$-$	❽	$=$	$\frac{1}{5}$
$=$		$=$		$=$
$1\frac{3}{4}$	$-$	❾	$=$	❿

$2\frac{1}{4}-\square=1\frac{3}{4}$ だから，$\square=2\frac{1}{4}-1\frac{3}{4}$

◆□にあてはまるのは？

下の図のように，たてや横に見ると，たし算やひき算になる式があります。
□にあてはまるのは＋，－のどちらかな？

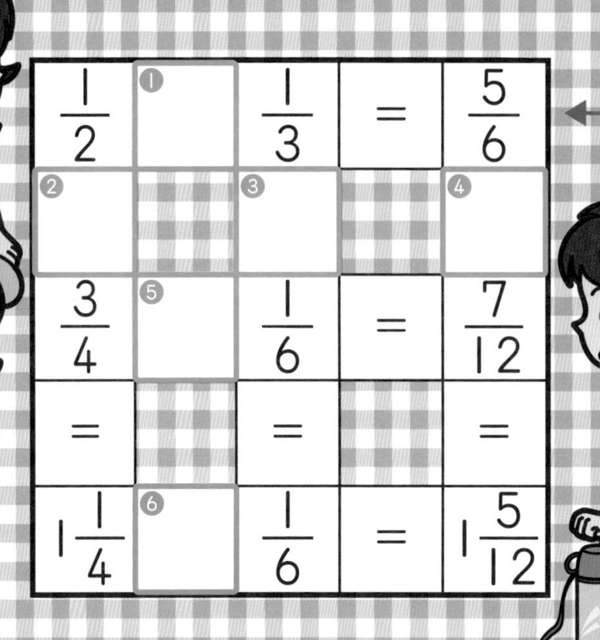

$\frac{1}{2}$	❶	$\frac{1}{3}$	＝	$\frac{5}{6}$
❷		❸		❹
$\frac{3}{4}$	❺	$\frac{1}{6}$	＝	$\frac{7}{12}$
＝		＝		＝
$1\frac{1}{4}$	❻	$\frac{1}{6}$	＝	$1\frac{5}{12}$

たし算やひき算の式をつくってみよう。
$\frac{1}{2}+\frac{1}{3}=?$　$\frac{1}{2}-\frac{1}{3}=?$

$3\frac{1}{2}$	❼	$1\frac{2}{9}$	＝	$2\frac{5}{18}$
❽		❾		❿
$1\frac{2}{3}$	⓫	$\frac{1}{6}$	＝	$1\frac{5}{6}$
＝		＝		＝
$1\frac{5}{6}$	⓬	$1\frac{7}{18}$	＝	$\frac{4}{9}$

37 しあげのテスト①

月　日　●目標20分
名前　点

1 218×25=5450 をもとにして，次の積を求めましょう。　1つ4【8点】

❶ 21.8×2.5　❷ 2.18×0.25

2 計算をしましょう。　1つ4【44点】

❶
```
  1.2
× 1.6
```

❷
```
    2.7
× 4.0 6
```

❸
```
  4.1 6
× 2.1 9
```

❹
```
  3 5
× 0.4
```

❺
```
  6.5
× 4.4
```

❻
```
  2.2 4
×   2.5
```

❼ 0.18×3.4　❽ 0.36×0.16　❾ 0.35×2.4

❿ 1.75×0.8　⓫ 2.8×2.25

小数のかけ算・わり算の復習(ふくしゅう)だよ。計算のし方を思い出そう。

1.33333……のように，小数点以下の数が終わりなく続いている小数を無限小数(むげんしょうすう)といい，中学校で学習します。

3 わりきれるまで計算しましょう。 1つ4【24点】

❶ $1.6\overline{)9.6}$

❷ $5.2\overline{)33.28}$

❸ $7.7\overline{)6.16}$

❹ $1.4\overline{)0.84}$

❺ $4.8\overline{)1.68}$

❻ $2.4\overline{)5.4}$

4 商は一の位まで求めて，あまりも出しましょう。 1つ4【12点】

❶ $0.3\overline{)2.89}$

❷ $0.17\overline{)0.91}$

❸ $0.29\overline{)5.7}$

5 商を四捨五入(ししゃごにゅう)して，上から2けたのがい数で求めましょう。 1つ4【12点】

❶ $2.7\overline{)5.5}$

❷ $8.1\overline{)3.06}$

❸ $0.23\overline{)52.88}$

ふりかえり

0～60点 がんばろう

61～80点 もう少し

81～100点 よくできたね！

感想

38 しあげのテスト②

月　日　●目標 20 分

名前　　点

1 計算をしましょう。　1つ5【50点】

① $\frac{2}{9}+\frac{3}{7}$

② $\frac{2}{5}+\frac{4}{15}$

③ $3\frac{3}{20}+1\frac{5}{12}$

④ $1\frac{1}{10}+2\frac{5}{6}$

⑤ $\frac{7}{5}-\frac{2}{3}$

⑥ $\frac{5}{4}-\frac{9}{28}$

⑦ $2\frac{7}{10}-2\frac{11}{30}$

⑧ $1\frac{9}{20}-\frac{11}{12}$

⑨ $\frac{4}{5}+\frac{1}{6}-\frac{1}{15}$

⑩ $\frac{5}{9}-\frac{1}{4}+\frac{7}{12}$

$\frac{2}{5}$ と $\frac{5}{2}$ のように，2つの数の積が1になるとき，一方の数を他方の数の逆数（ぎゃくすう）といいます。6年生で学習します。

2 □にあてはまる不等号を書きましょう。 1つ4【16点】

❶ $\frac{4}{7}$ □ $\frac{3}{5}$

❷ $\frac{2}{3}$ □ 0.6

❸ 11.2 □ $\frac{45}{4}$

❹ 1.75 □ $1\frac{5}{7}$

3 次の分数を小数で表すとき，小数で正確(せいかく)に表せないのはどれですか。 【4点】

㋐ $\frac{3}{4}$　㋑ $\frac{5}{6}$　㋒ $\frac{4}{3}$　㋓ $\frac{7}{8}$　㋔ $\frac{20}{11}$　㋕ $1\frac{11}{20}$

（　　　　　　）

4 計算をしましょう。 1つ5【30点】

❶ $\frac{3}{4}+0.4$

❷ $1.4+\frac{14}{15}$

❸ $1\frac{1}{13}+2.5$

❹ $\frac{9}{4}-1.75$

❺ $3.6-\frac{7}{3}$

❻ $1.8-1\frac{5}{7}$

ふりかえり
0〜60点 がんばろう
61〜80点 もう少し
81〜100点 よくできたね！
感想

答えとてびき

1 4年生の計算の復習

1 ① 15.9　② 14.4　③ 113.4
④ 39.2　⑤ 1.4　⑥ 34

2 ① 1.3　② 7.3　③ 0.16
④ 1.4　⑤ 0.26　⑥ 0.46
⑦ 0.15　⑧ 1.45

3 ① $\frac{4}{5}$　② $\frac{8}{7}\left(1\frac{1}{7}\right)$
③ $3\frac{5}{9}\left(\frac{32}{9}\right)$　④ $3\frac{6}{11}\left(\frac{39}{11}\right)$
⑤ 5

4 ① $\frac{3}{5}$　② $\frac{4}{3}\left(1\frac{1}{3}\right)$
③ $2\frac{1}{5}\left(\frac{11}{5}\right)$　④ $\frac{2}{3}$
⑤ $2\frac{8}{9}\left(\frac{26}{9}\right)$　⑥ $1\frac{3}{4}\left(\frac{7}{4}\right)$

てびき **3** 分母と分子が同じ数になったときは，整数になおします。

⑤ $1\frac{1}{4}+3\frac{3}{4}=4\frac{4}{4}=5$

2 数のしくみ

1 ① 4，7，6
② 2，0，8
③ 5，4，0，1

2 ① ＜　② ＞
③ ＞　④ ＜

3 3014個

4 ① 36.4　② 3.5　③ 189
④ 273.1　⑤ 2.5　⑥ 2840
⑦ 3150　⑧ 60

5 ① 2.82　② 0.59　③ 0.016
④ 0.464　⑤ 0.008　⑥ 0.05
⑦ 0.1296　⑧ 0.0043　⑨ 0.052

てびき **2** ③と④は，ひき算をしてから比（くら）べましょう。差はひかれる数より小さくなります。

③ 6.12－1.2＝4.92で，
6＞4.92

④ 52.3－3＝49.3で，
49.3＜52.3

3 小数のかけ算①

1 ① 100，100，0.64
② 10，10，39.1

2 ① 15.4　② 138　③ 9
④ 36.4　⑤ 1.96　⑥ 13.44

3 ① 16.8　② 264　③ 21
④ 57.5　⑤ 221.4　⑥ 353.6
⑦ 416.1　⑧ 3.51　⑨ 32.85
⑩ 26.52　⑪ 84.48

4 ㋐と㋓

てびき **2** 積の小数点より下の位の最後の0は消します。

```
②     30        ③    18
   × 4.6           × 0.5
     180              9.0
    120
    138.0
```

3

```
②     60     ③    35     ⑥   104
   × 4.4        × 0.6       ×  3.4
     240          21.0          416
    240                        312
    264.0                      353.6

⑧     27     ⑩    26     ⑪   192
   × 0.13       × 1.02      × 0.44
      81            52          768
     27            26          768
     3.51         26.52        84.48
```

4 1より小さい数をかけると，積はかけられる数より小さくなります。

4 小数のかけ算② 

1 ① 100, 100, 3.42
② 100, 100, 16.34

2 ① 1.96 ② 6.08 ③ 42.66
④ 93.31 ⑤ 4.784 ⑥ 42.912

3 ① 4.48 ② 4.44 ③ 8.75
④ 10.56 ⑤ 44.73 ⑥ 19.44
⑦ 122.46 ⑧ 3.845 ⑨ 13.464
⑩ 30.429 ⑪ 53.463

4 ㋑と㋓

てびき

1 小数を整数になおして計算します。

① 5.7×0.6
$=(5.7\times10)\times(0.6\times10)\div100$
$=57\times6\div100$
$=342\div100$
$=3.42$

② 4.3×3.8
$=(4.3\times10)\times(3.8\times10)\div100$
$=43\times38\div100$
$=1634\div100$
$=16.34$

2 ⑤, ⑥の積の小数点は，右から数えて3つめになります。

⑤
```
   2.08
 ×  2.3
   624
  416
  4.784
```
⑥
```
    5.96
 ×  7.2
   1192
  4172
  42.912
```

3 ⑦
```
    31.4
 ×  3.9
   2826
   942
  122.46
```
⑧
```
   7.69
 ×  0.5
  3.845
```
⑨
```
    3.06
 ×   4.4
    1224
   1224
   13.464
```

4 小数×小数でも，1より小さい数をかけると，積はかけられる数より小さくなります。

かける数＜1 ➡ 積＜かけられる数
かける数＝1 ➡ 積＝かけられる数
かける数＞1 ➡ 積＞かけられる数

5 小数のかけ算③ 

1 ① 5.1 ② 4.5 ③ 37.2
④ 15.4 ⑤ 27 ⑥ 30

2 ① 8.4 ② 45.1 ③ 49.4

3 ① 0.66 ② 0.56 ③ 0.42
④ 0.009 ⑤ 0.2 ⑥ 0.6

4 ① 0.48 ② 0.44 ③ 0.75
④ 0.008 ⑤ 0.02

てびき

1 消す0の数に注意しましょう。

①
```
   0.6
 × 8.5
    30
  48
  5.10
```
②
```
   1.8
 × 2.5
    90
  36
  4.50
```
③
```
   24.8
 ×  1.5
   1240
  248
  37.20
```
④
```
    3.5
 ×  4.4
   140
  140
  15.40
```
⑤
```
    7.5
 ×  3.6
   450
  225
  27.00
```
⑥
```
   12.5
 ×  2.4
    500
   250
   30.00
```

2 ①
```
    2.4
 ×  3.5
    120
    72
   8.40
```
②
```
   20.5
 ×  2.2
    410
   410
   45.10
```
③
```
    32.5
 ×  1.52
     650
   1625
   325
   49.400
```

3 0を一の位につけたしてから小数点をうちます。積の小数点より下の位の最後の0は，きちんと消しましょう。

①
```
   2.2
 × 0.3
  0.66
```
②
```
   1.4
 × 0.4
  0.56
```
③
```
   0.6
 × 0.7
  0.42
```
④
```
    0.3
 × 0.03
  0.009
```
⑤
```
   0.4
 × 0.5
  0.20
```
⑥
```
   1.5
 × 0.4
  0.60
```

4 ①
```
   1.6
 × 0.3
  0.48
```
②
```
   2.2
 × 0.2
  0.44
```
③
```
   1.25
 ×  0.6
  0.750
```
④
```
   0.02
 ×  0.4
  0.008
```
⑤
```
   0.025
 ×   0.8
  0.0200
```

6 計算のきまり

1 ① 10，97
② 1，3.4
③ 10，127
④ 1，5.3
⑤ 0.1，0.8，159.2

2 ① 139　② 381
③ 63.7　④ 0.978
⑤ 97　⑥ 23.4
⑦ 4.5　⑧ 57.2
⑨ 86.86　⑩ 34.542
⑪ 441　⑫ 849.15

てびき **2** 計算のきまりを使います。

① 1.39×2.5×40
＝1.39×(2.5×40)
＝1.39×100
＝139

③ 4×6.37×2.5
＝(4×2.5)×6.37
＝10×6.37
＝63.7

⑤ 9.7×1.9＋9.7×8.1
＝9.7×(1.9＋8.1)
＝9.7×10
＝97

⑦ 7.9×0.9－2.9×0.9
＝(7.9－2.9)×0.9
＝5×0.9
＝4.5

⑨ 10.1×8.6
＝(10＋0.1)×8.6
＝10×8.6＋0.1×8.6
＝86＋0.86
＝86.86

⑪ 45×9.8
＝45×(10－0.2)
＝45×10－45×0.2
＝450－9
＝441

7 ②～⑥のドリル

1 ① 11.2　② 23.12　③ 15.066
④ 8.5　⑤ 10.62　⑥ 0.768
⑦ 0.0704　⑧ 0.63　⑨ 1

2 ① 102.2　② 10.22　③ 1.022

3 ㋒

4 ① 44.8　② 58.32　③ 44.702
④ 55.2　⑤ 377　⑥ 0.364
⑦ 0.1944　⑧ 0.7　⑨ 0.6

5 ①

```
    2.5
  × 2.8
  -----
   200
   50
  -----
   7.00
```

②

```
    0.37
  ×  2.6
  ------
     222
     74
  ------
   0.962
```

6 ① >
② >

(1) 6　(2) 0.1274　(3) 1.832

てびき **1** 0を一の位につけたしたり，小数点より下の位の最後の0を消したりすることに気をつけましょう。

⑦

```
    0.44
  × 0.16
  ------
     264
     44
  ------
  0.0704
```

⑧

```
    0.18
  ×  3.5
  ------
      90
     54
  ------
   0.630
```

⑨

```
   1.25
  × 0.8
  -----
  1.000
```

2 筆算をしないで小数点の右にあるけたの数で考えます。

③ 3.65×0.28
＝(3.65×100)×(0.28×100)÷10000
＝365×28÷10000
＝1.022

5 ①まず，□.5×8＝2□□の3つの□に入れる数を考えます。

```
    □.5              2.5
  × □.8            × 2.8
  -----            -----
   2□□      ➡       200
   □0               50
  -----            -----
   □0□              7.00
```

8 ❷～❼のかくにんテスト 15·16ページ

1 ① 3，0，1，6
② 1000，1000，0.384
③ 100，100，9

2 ① 16.8　② 13.92　③ 18.072
④ 8.4　⑤ 4.92　⑥ 0.864
⑦ 0.0629　⑧ 1.26　⑨ 0.9

3 ① <　② >
③ >　④ <

4 ① 36.4　② 3.64　③ 0.0364

5 ① 150.4　② 64.68　③ 125.416
④ 12.6　⑤ 1.53　⑥ 0.532
⑦ 0.0756　⑧ 7.2　⑨ 2

てびき **2** 答えの小数点の位置に注意しましょう。

③
```
   3.6
 ×5.02
    72
 180
 18.072
```
⑤
```
  3.28
 ×  1.5
  1640
  328
  4.920
```
⑥
```
  0.16
 ×  5.4
    64
   80
  0.864
```
⑦
```
  0.37
 ×0.17
   259
   37
 0.0629
```
⑧
```
  0.45
 ×  2.8
   360
   90
  1.260
```
⑨
```
  2.25
 ×  0.4
  0.900
```

3 ③と④は，ひき算をしてから比（くら）べましょう。
③ 7.4－0.74＝6.66 で，
7.04 > 6.66
④ 3.04－0.4＝2.64 で，
2.64 < 3

5
②
```
  19.6
 ×  3.3
   588
  588
  64.68
```
④
```
   4.5
 ×2.8
   360
   90
  12.60
```
⑤
```
   1.8
 ×0.85
     90
   144
  1.530
```
⑥
```
  0.14
 ×  3.8
   112
   42
  0.532
```
⑦
```
  0.63
 ×0.12
   126
   63
 0.0756
```
⑧
```
  4.8
 ×1.5
  240
  48
  7.20
```

9 小数のわり算 ① 

1 ① 4　② 32　③ 6
④ 1.8　⑤ 6.8　⑥ 3.9
⑦ 0.6　⑧ 0.8　⑨ 0.3

2 ① 3　② 6　③ 16
④ 8　⑤ 1.9　⑥ 3.8
⑦ 7.4　⑧ 3.9　⑨ 0.7
⑩ 0.6　⑪ 0.3

3 ① 23　② 230　③ 23

てびき **1** ⑦～⑨は，商の一の位に 0 をたてて，商に小数点をうってから計算します。

⑦
```
        0.6
 7.6)4.5.6
       456
         0
```
⑧
```
        0.8
 4.6)3.6.8
       368
         0
```
⑨
```
        0.3
 2.7)0.8.1
        81
         0
```

2
③
```
        16
 4.1)65.6
      41
      246
      246
        0
```
⑤
```
        1.9
 3.4)6.4.6
      34
      306
      306
        0
```
⑥
```
        3.8
 1.9)7.2.2
      57
      152
      152
        0
```
⑨
```
        0.7
 8.2)5.7.4
       574
         0
```
⑩
```
        0.6
 2.9)1.7.4
       174
         0
```
⑪
```
        0.3
 1.4)0.4.2
        42
         0
```

3 わる数の小数を整数になおして計算します。
① 73.6÷3.2
＝(73.6×10)÷(3.2×10)
＝736÷32
＝23
② 73.6÷0.32
＝(73.6×100)÷(0.32×100)
＝7360÷32
＝230
③ 0.736÷0.032
＝(0.736×1000)÷(0.032×1000)
＝736÷32
＝23

10 小数のわり算 ②

1 ① 2.5　② 0.6　③ 0.48
④ 0.65　⑤ 2.45　⑥ 2.5

2 ① 2.8　② 0.4　③ 0.84
④ 0.55　⑤ 1.44　⑥ 0.225
⑦ 0.675　⑧ 7.5　⑨ 1.2
⑩ 0.375

てびき **1** ①～③や⑥は，わられる数の小数点を右にうつし，0をつけます。⑤は，小数第二位まで計算します。

```
①         2.5        ②       0.6
   4.4)11.0             4.5)27.0
       88                   270
       220                    0
       220
         0

③        0.48        ④      0.65
   2.5)12.0             3.6)23.4
       100                  216
       200                  180
       200                  180
         0                    0

⑤        2.45        ⑥       2.5
   2.8)68.6             1.6)40
       56                   32
       126                  80
       112                  80
       140                   0
       140
         0
```

2
```
③         0.84       ④      0.55
    7.5)63.0            6.8)37.4
        600                 340
        300                 340
        300                 340
          0                   0

⑦        0.675       ⑩      0.375
   4.8)32.4             3.2)12.0
       288                  96
       360                 240
       336                 224
       240                 160
       240                 160
         0                   0
```

11 小数のわり算 ③

1 ① 3 あまり 1.3　② 6 あまり 0.6
③ 5 あまり 0.5　④ 4 あまり 4.4
⑤ 3 あまり 3.2　⑥ 4 あまり 1.6
⑦ 2 あまり 0.44　⑧ 18 あまり 7
⑨ 42 あまり 5.4

2 ① 2.6 あまり 0.06
② 2.7 あまり 0.27
③ 0.8 あまり 0.03
④ 2.3 あまり 0.01
⑤ 1.7 あまり 0.001
⑥ 3.5 あまり 0.04
⑦ 15.6 あまり 0.04
⑧ 7.4 あまり 0.02
⑨ 0.6 あまり 0.06
⑩ 0.4 あまり 0.004
⑪ 20.4 あまり 0.02

てびき **1** あまりは，わる数より小さくなります。⑦は商のけたの数をまちがえやすく，⑧と⑨は，商が2けたの数になるので注意しましょう。

```
⑤          3         ⑦        2
   3.6)14.0             2.4)52.4
       108                  48
        3.2                 0.44

⑧         18         ⑨       42
   8.5)160.0            6.3)270.0
       85                   252
       750                   180
       680                   126
        7.0                   5.4
```

2 あまりは，わる数の $\frac{1}{10}$ より小さくなります。あまりの小数点の位置に注意しましょう。

```
③         0.8        ⑩          0.4
   0.6)05.1             0.69)028.0
        48                    276
       0.03                  0.004
```

12 小数のわり算④

1 ① 5.7　② 0.8　③ 2.3
④ 1.8　⑤ 6.2　⑥ 3.7
⑦ 3.2　⑧ 20.8　⑨ 2.4

2 ① 3.8　② 5.1　③ 3.5
④ 3.8　⑤ 0.53　⑥ 0.34
⑦ 5.6　⑧ 3.4　⑨ 87
⑩ 0.49　⑪ 0.20

てびき **1** 商の $\frac{1}{100}$ の位を四捨五入(ししゃごにゅう)します。⑧は商が3けたの数になります。

③
2.34
3.2)7.5
64
110
96
140
128
12

⑧
20.83
0.6)12.5
12
50
48
20
18
2

2 商の上から3けための数を四捨五入します。

⑤は一の位が0なので，$\frac{1}{10}$ の位の5が上から1けための数になります。⑥⑩⑪も同様です。

⑪の商は $\frac{1}{100}$ の位の0を消さないようにしましょう。

⑤
0.533
1.5)0.8.0
75
50
45
50
45
5

⑥
0.343
3.2)1.1.0
96
140
128
120
96
24

⑩
9
0.486
4.3)20.9
172
370
344
260
258
2

⑪
20
0.198
8.4)16.7
84
830
756
740
672
68

13 ⑨～⑫のドリル

1 ① 16　② 2.7　③ 8.7
④ 0.6　⑤ 2.4　⑥ 0.75
⑦ 2.25　⑧ 0.125　⑨ 7.5

2 ① 8.5　② 0.85　③ 8.5

3 ① 3.1 あまり 0.05
② 26.3 あまり 0.01
③ 0.5 あまり 0.015

4 ① 0.7　② 18.9　③ 3.8

5 ①
0.9
4.3)3.8.7
387
0

②
0.75
8.4)6.3.0
588
420
420
0

6 ① ＞
② ＜

もっと練習

(1) 6.6　(2) 0.8

てびき **3** あまりは，わる数の $\frac{1}{10}$ より小さくなります。あまりの小数点の位置に気をつけましょう。

②
26.3
0.3)7.9
6
19
18
10
9
0.01

③
0.5
0.87)0.45.0
435
0.015

5 ②まず，84×5＝420 から，□に入れる数を考えます。

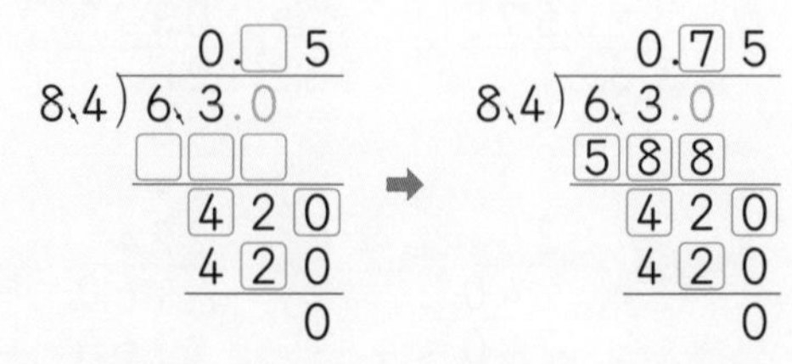

6 わる数が大きいほど，商は小さくなります。
② 0.18＞0.018
➡ ●÷0.18＜●÷0.018

14 ⑨～⑬のかくにんテスト 27·28ページ

1 ㋒，㋓

2 ①5　②3.4　③6.9
④0.9　⑤0.5　⑥0.8
⑦0.45　⑧3.25　⑨1.25

3 ①5 あまり 0.05
②3 あまり 1.22
③3 あまり 0.14
④6 あまり 0.9
⑤20 あまり 0.1
⑥23 あまり 1.2

4 ①2.4　②0.76　③0.29
④97　⑤0.38　⑥0.60

てびき **3** 商を一の位まで求めることに注意しましょう。

① 0.7)3.55 → 5，35，0.05
③ 0.19)0.71 → 3，57，0.14
④ 1.4)9.3 → 6，84，0.9
⑤ 0.39)7.90 → 20，78，0.10

4 ②③⑤⑥は，一の位が0なので，$\frac{1}{10}$の位の数が上から1けためになります。
また，⑥は0.6ではなく0.60となります。

② 3.6)2.73 → 0.758，252，210，180，300，288，12
③ 7.2)2.08 → 0.288，144，640，576，640，576，64
⑤ 5.3)1.989 → 0.375，159，399，371，280，265，15
⑥ 6.5)3.91 → 0.601，390，100，65，35

やってみよう！

● ハエ(またはクモ)
◆ シャベル

てびき ● 筆算の答えが小さい順になるように文字をならべると，
「空の中にいる虫は何？」
となります。空という漢字の中に，カタカナのハとエがあるので，答えはハエです。
空には雲があるので，クモも正解(せいかい)です。
◆ 筆算の答えが小さい順になるように文字をならべると，「話すことができる道具は？」となります。「話す」を「しゃべる」とおきかえて，答えはシャベルになります。

15 約分

1 ① 3，36　②3，4
③2，40　④5，4

2 ① 2，9　②10，16
③12，6　④6，4
⑤3，5　⑥4，15

3 ①$\frac{2}{3}$　②$\frac{3}{5}$
③$\frac{1}{3}$　④$\frac{2}{3}$
⑤$1\frac{3}{7}$　⑥$2\frac{1}{3}$
⑦$\frac{7}{4}$　⑧$\frac{11}{5}$

4 ㋑，㋔，㋖，㋗

てびき **4** それぞれの分数を約分して$\frac{2}{3}$になるものを見つけます。

㋐$\frac{9}{12}=\frac{3}{4}$　㋑$\frac{10}{15}=\frac{2}{3}$　㋒$\frac{15}{24}=\frac{5}{8}$
㋓$\frac{24}{33}=\frac{8}{11}$　㋔$\frac{24}{36}=\frac{2}{3}$　㋕$\frac{33}{44}=\frac{3}{4}$
㋖$\frac{30}{45}=\frac{2}{3}$　㋗$\frac{34}{51}=\frac{2}{3}$

16 通分

1 ① 8, 16　② 15, 30
③ 3, 9　④ 8, 24

2 ① >　② =
③ >　④ <

3 ① $\left(\frac{5}{20}, \frac{4}{20}\right)$　② $\left(\frac{8}{12}, \frac{15}{12}\right)$
③ $\left(1\frac{12}{42}, 1\frac{35}{42}\right)$　④ $\left(\frac{9}{12}, \frac{5}{12}\right)$
⑤ $\left(\frac{20}{8}, \frac{3}{8}\right)$　⑥ $\left(\frac{21}{24}, \frac{2}{24}\right)$
⑦ $\left(1\frac{9}{30}, 2\frac{8}{30}\right)$　⑧ $\left(3\frac{5}{30}, 4\frac{4}{30}\right)$
⑨ $\left(\frac{15}{30}, \frac{10}{30}, \frac{12}{30}\right)$
⑩ $\left(\frac{75}{90}, \frac{27}{90}, \frac{55}{90}\right)$

てびき **2** 通分すると，分子の大きさで分数の大小がわかります。

④ $3\frac{20}{36} < 3\frac{21}{36}$ だから，$3\frac{5}{9} < 3\frac{7}{12}$

3 ⑨ 2と3と5の最小公倍数の30が分母になるように通分します。

$\frac{1}{2} = \frac{1 \times 15}{2 \times 15} = \frac{15}{30}$　$\frac{1}{3} = \frac{1 \times 10}{3 \times 10} = \frac{10}{30}$

$\frac{2}{5} = \frac{2 \times 6}{5 \times 6} = \frac{12}{30}$

⑩ 6と10と18の最小公倍数の90が分母になるように通分します。

$\frac{5}{6} = \frac{5 \times 15}{6 \times 15} = \frac{75}{90}$　$\frac{3}{10} = \frac{3 \times 9}{10 \times 9} = \frac{27}{90}$

$\frac{11}{18} = \frac{11 \times 5}{18 \times 5} = \frac{55}{90}$

17 分数のたし算①

1 ① 9, $\frac{4}{36}$, $\frac{13}{36}$　② 14, $\frac{10}{35}$, $\frac{24}{35}$

2 ① $\frac{4}{9}$　② $\frac{32}{63}$
③ $\frac{9}{10}$　④ $\frac{49}{88}$
⑤ $\frac{43}{45}$　⑥ $\frac{23}{44}$

3 ① $\frac{7}{6}\left(1\frac{1}{6}\right)$　② $\frac{23}{20}\left(1\frac{3}{20}\right)$
③ $\frac{9}{8}\left(1\frac{1}{8}\right)$　④ $\frac{47}{40}\left(1\frac{7}{40}\right)$
⑤ $\frac{84}{55}\left(1\frac{29}{55}\right)$　⑥ $\frac{73}{56}\left(1\frac{17}{56}\right)$
⑦ $\frac{19}{6}\left(3\frac{1}{6}\right)$　⑧ $\frac{25}{12}\left(2\frac{1}{12}\right)$
⑨ $\frac{37}{24}\left(1\frac{13}{24}\right)$　⑩ $\frac{47}{30}\left(1\frac{17}{30}\right)$

18 分数のたし算②

1 ① $\frac{2}{5} + \frac{1}{10} = \frac{\boxed{4}}{10} + \frac{1}{10} = \frac{\cancel{5}^{\boxed{1}}}{\cancel{10}_{\boxed{2}}} = \boxed{\frac{1}{2}}$

② $\frac{7}{12} + \frac{1}{4} = \frac{7}{12} + \frac{\boxed{3}}{12} = \frac{\cancel{10}^{\boxed{5}}}{\cancel{12}_{\boxed{6}}} = \boxed{\frac{5}{6}}$

2 ① $\frac{2}{3}$　② $\frac{1}{2}$
③ $\frac{1}{6}$　④ $\frac{3}{14}$

3 ① $\frac{4}{5}$　② $\frac{1}{3}$
③ $\frac{3}{5}$　④ $\frac{7}{15}$
⑤ $\frac{7}{10}$　⑥ $\frac{4}{5}$
⑦ $\frac{7}{6}\left(1\frac{1}{6}\right)$　⑧ $\frac{5}{4}\left(1\frac{1}{4}\right)$
⑨ $\frac{2}{3}$　⑩ $\frac{1}{2}$
⑪ $\frac{11}{20}$　⑫ $\frac{23}{10}\left(2\frac{3}{10}\right)$

てびき 答えが約分できるときは，必ず約分しましょう。

3 ⑪ $\frac{5}{12} + \frac{2}{15} = \frac{25}{60} + \frac{8}{60} = \frac{\cancel{33}^{11}}{\cancel{60}_{20}} = \frac{11}{20}$

19 分数のたし算③

1 ① 3, 2, $2\frac{5}{12}$

② 5, 7, 15, 14, $\frac{29}{12}$

2 ① $2\frac{5}{6}\left(\frac{17}{6}\right)$　② $3\frac{31}{36}\left(\frac{139}{36}\right)$

③ $2\frac{7}{10}\left(\frac{27}{10}\right)$　④ $5\frac{11}{24}\left(\frac{131}{24}\right)$

3 ① $4\frac{11}{12}\left(\frac{59}{12}\right)$　② $2\frac{17}{30}\left(\frac{77}{30}\right)$

③ $3\frac{35}{36}\left(\frac{143}{36}\right)$　④ $2\frac{1}{3}\left(\frac{7}{3}\right)$

⑤ $2\frac{2}{3}\left(\frac{8}{3}\right)$　⑥ $2\frac{5}{6}\left(\frac{17}{6}\right)$

⑦ $3\frac{1}{2}\left(\frac{7}{2}\right)$　⑧ $4\frac{1}{4}\left(\frac{17}{4}\right)$

⑨ $1\frac{5}{6}\left(\frac{11}{6}\right)$　⑩ $3\frac{7}{15}\left(\frac{52}{15}\right)$

⑪ $3\frac{5}{6}\left(\frac{23}{6}\right)$

てびき 整数の部分どうしと真分数の部分どうしをそれぞれたす方法と，帯分数をそれぞれ仮分数(かぶんすう)になおしてからたし算をする方法があります。どちらの方法で計算をしても正解(せいかい)です。

2 ① $1\frac{1}{3}+1\frac{1}{2}=1\frac{2}{6}+1\frac{3}{6}=2\frac{5}{6}$

$1\frac{1}{3}+1\frac{1}{2}=\frac{4}{3}+\frac{3}{2}=\frac{8}{6}+\frac{9}{6}=\frac{17}{6}$

20 分数のたし算④

1 ① 10, 16, 1, 1, $3\frac{1}{15}$

② 8, 6, 40, $\frac{46}{15}$

2 ① $3\frac{1}{6}\left(\frac{19}{6}\right)$　② $2\frac{13}{35}\left(\frac{83}{35}\right)$

3 ① $4\frac{1}{21}\left(\frac{85}{21}\right)$　② $3\frac{19}{36}\left(\frac{127}{36}\right)$

③ $5\frac{1}{6}\left(\frac{31}{6}\right)$　④ $4\frac{1}{10}\left(\frac{41}{10}\right)$

⑤ $3\frac{1}{2}\left(\frac{7}{2}\right)$　⑥ $2\frac{1}{5}\left(\frac{11}{5}\right)$

⑦ $3\frac{1}{7}\left(\frac{22}{7}\right)$　⑧ $5\frac{1}{9}\left(\frac{46}{9}\right)$

⑨ $4\frac{1}{3}\left(\frac{13}{3}\right)$　⑩ $3\frac{1}{2}\left(\frac{7}{2}\right)$

てびき 2つの方法で計算することができます。

2 ① $\frac{1}{2}+2\frac{2}{3}=\frac{3}{6}+2\frac{4}{6}=2\frac{7}{6}=3\frac{1}{6}$

$\frac{1}{2}+2\frac{2}{3}=\frac{1}{2}+\frac{8}{3}=\frac{3}{6}+\frac{16}{6}=\frac{19}{6}$

② $1\frac{4}{5}+\frac{4}{7}=1\frac{28}{35}+\frac{20}{35}=1\frac{48}{35}=2\frac{13}{35}$

$1\frac{4}{5}+\frac{4}{7}=\frac{9}{5}+\frac{4}{7}=\frac{63}{35}+\frac{20}{35}=\frac{83}{35}$

21 3つの分数のたし算

1 ① 2, 3, 3, $\frac{7}{8}$

② 2, 4, $\frac{7}{8}$

2 ① 1　② $\frac{7}{5}\left(1\frac{2}{5}\right)$

3 ① $\frac{14}{15}$　② $\frac{19}{36}$

③ $\frac{17}{24}$　④ $\frac{35}{24}\left(1\frac{11}{24}\right)$

⑤ $\frac{5}{6}$　⑥ $\frac{5}{4}\left(1\frac{1}{4}\right)$

⑦ $\frac{15}{14}\left(1\frac{1}{14}\right)$　⑧ $\frac{11}{15}$

てびき **2** 3つの分数を一度に通分して計算すると，次のようになります。

② $\frac{3}{10}+\frac{3}{5}+\frac{1}{2}=\frac{3}{10}+\frac{6}{10}+\frac{5}{10}$

$=\frac{\cancel{14}^{7}}{\cancel{10}_{5}}=\frac{7}{5}\left(1\frac{2}{5}\right)$

22 ⑮～㉑のドリル

1 ① $\frac{3}{4}$　② $\frac{3}{5}$

③ $\frac{3}{4}$　④ $1\frac{4}{9}$

⑤ $2\frac{3}{5}$　⑥ $\frac{9}{4}$

2 ① $\left(\frac{1}{6},\ \frac{4}{6}\right)$　② $\left(\frac{8}{18},\ \frac{15}{18}\right)$

③ $\left(1\frac{15}{20},\ 2\frac{14}{20}\right)$　④ $\left(3\frac{6}{15},\ 1\frac{11}{15}\right)$

⑤ $\left(\frac{49}{28},\ \frac{34}{28}\right)$　⑥ $\left(\frac{20}{60},\ \frac{45}{60},\ \frac{54}{60}\right)$

3 ① $\frac{7}{8}$　② $\frac{72}{55}\left(1\frac{17}{55}\right)$

③ $\frac{19}{20}$　④ $4\frac{11}{30}\left(\frac{131}{30}\right)$

⑤ $3\frac{1}{2}\left(\frac{7}{2}\right)$　⑥ $5\frac{7}{12}\left(\frac{67}{12}\right)$

⑦ $\frac{13}{60}$　⑧ $\frac{10}{9}\left(1\frac{1}{9}\right)$

4 ① $\frac{3}{10}+\frac{\boxed{11}}{30}=\frac{2}{3}$

② $2\frac{\boxed{1}}{6}+\frac{3}{4}=2\frac{\boxed{11}}{\boxed{12}}$

もっと練習

(1) $\frac{5}{4}\left(1\frac{1}{4}\right)$　(2) $4\frac{1}{4}\left(\frac{17}{4}\right)$　(3) $3\frac{1}{5}\left(\frac{16}{5}\right)$

てびき **4** ① 通分すると，

$\frac{9}{30}+\frac{\boxed{}}{30}=\frac{20}{30}$　$\boxed{}=20-9=11$

② $2\frac{\boxed{}}{6}$ の分母が6だから，□に入る数は1か5になります。□に入る数が1のとき，

$2\frac{\boxed{1}}{6}+\frac{3}{4}=2\frac{\boxed{11}}{\boxed{12}}$

□に入る数が5のとき，

$2\frac{\boxed{5}}{6}+\frac{3}{4}=3\frac{\boxed{7}}{\boxed{12}}$

答えの整数の部分が2になることから，

式は，$2\frac{\boxed{1}}{6}+\frac{3}{4}=2\frac{\boxed{11}}{\boxed{12}}$ になります。

23 分数のひき算①

1 ① 12, $\frac{5}{15}$, $\frac{7}{15}$　② $\frac{6}{10}$, $\frac{3}{10}$

2 ① $\frac{13}{28}$　② $\frac{19}{36}$

③ $\frac{13}{30}$　④ $\frac{13}{12}\left(1\frac{1}{12}\right)$

⑤ $\frac{17}{21}$　⑥ $\frac{7}{10}$

3 ① $\frac{1}{8}$　② $\frac{5}{8}$

③ $\frac{2}{15}$　④ $\frac{7}{9}$

⑤ $\frac{11}{24}$　⑥ $\frac{13}{24}$

⑦ $\frac{5}{18}$　⑧ $\frac{31}{56}$

⑨ $\frac{31}{30}\left(1\frac{1}{30}\right)$　⑩ $\frac{1}{48}$

⑪ $\frac{16}{75}$　⑫ $\frac{19}{15}\left(1\frac{4}{15}\right)$

24 分数のひき算②

1 ① $\frac{1}{2}-\frac{1}{10}=\frac{\boxed{5}}{10}-\frac{1}{10}=\frac{\cancel{\boxed{4}}^{\boxed{2}}}{\cancel{10}_{\boxed{5}}}=\boxed{\frac{2}{5}}$

② $\frac{7}{6}-\frac{3}{10}=\frac{\boxed{35}}{30}-\frac{9}{30}=\frac{\cancel{\boxed{26}}^{\boxed{13}}}{\cancel{30}_{\boxed{15}}}=\boxed{\frac{13}{15}}$

2 ① $\frac{1}{5}$　② $\frac{2}{3}$

③ $\frac{1}{2}$　④ $\frac{2}{3}$

3 ① $\frac{1}{4}$　② $\frac{2}{3}$

③ $\frac{13}{21}$　④ $\frac{1}{6}$

⑤ $\frac{11}{15}$　⑥ $\frac{1}{6}$

⑦ $\frac{1}{2}$　⑧ $\frac{5}{6}$

⑨ $\frac{7}{8}$　⑩ $\frac{7}{20}$

25 分数のひき算③

1 ① 9, 4, $1\frac{5}{12}$

② 11, 4, 33, 16, $\frac{17}{12}$

2 ① $1\frac{2}{15}\left(\frac{17}{15}\right)$　② $2\frac{7}{20}\left(\frac{47}{20}\right)$

3 ① $3\frac{7}{12}\left(\frac{43}{12}\right)$　② $\frac{19}{45}$

③ $2\frac{37}{56}\left(\frac{149}{56}\right)$　④ $1\frac{1}{2}\left(\frac{3}{2}\right)$

⑤ $1\frac{7}{10}\left(\frac{17}{10}\right)$　⑥ $1\frac{1}{2}\left(\frac{3}{2}\right)$

⑦ $1\frac{3}{4}\left(\frac{7}{4}\right)$　⑧ $1\frac{3}{20}\left(\frac{23}{20}\right)$

⑨ $2\frac{3}{28}\left(\frac{59}{28}\right)$

てびき 2つのひき算の方法があります。どちらの方法で計算をしても正解(せいかい)です。

2 ① $3\frac{4}{5}-2\frac{2}{3}=3\frac{12}{15}-2\frac{10}{15}=1\frac{2}{15}$

$3\frac{4}{5}-2\frac{2}{3}=\frac{19}{5}-\frac{8}{3}=\frac{57}{15}-\frac{40}{15}=\frac{17}{15}$

26 分数のひき算④

1 ① 3, 8, 15, 8, $\frac{7}{12}$

② 9, 5, 27, 20, $\frac{7}{12}$

2 ① $1\frac{7}{15}\left(\frac{22}{15}\right)$　② $1\frac{5}{6}\left(\frac{11}{6}\right)$

3 ① $\frac{16}{21}$　② $1\frac{5}{14}\left(\frac{19}{14}\right)$

③ $2\frac{7}{24}\left(\frac{55}{24}\right)$　④ $\frac{2}{3}$

⑤ $\frac{3}{4}$　⑥ $2\frac{4}{15}\left(\frac{34}{15}\right)$

⑦ $\frac{13}{18}$　⑧ $\frac{5}{6}$

⑨ $\frac{19}{30}$

てびき 2つの方法で計算することができます。

2 ① $3\frac{2}{15}-1\frac{2}{3}=3\frac{2}{15}-1\frac{10}{15}=2\frac{17}{15}-1\frac{10}{15}$

$=1\frac{7}{15}$

$3\frac{2}{15}-1\frac{2}{3}=\frac{47}{15}-\frac{5}{3}=\frac{47}{15}-\frac{25}{15}=\frac{22}{15}$

27 3つの分数のひき算

1 ① 4, 3, 9, $\frac{5}{24}$

② 12, 4, $\frac{5}{24}$

2 ① $\frac{1}{20}$　② $\frac{35}{24}\left(1\frac{11}{24}\right)$

3 ① $\frac{1}{4}$　② $\frac{1}{5}$

③ $\frac{7}{18}$　④ $\frac{9}{10}$

⑤ $\frac{13}{20}$　⑥ $\frac{4}{5}$

⑦ $\frac{13}{24}$　⑧ $\frac{5}{3}\left(1\frac{2}{3}\right)$

てびき **2** 3つの分数を一度に通分して計算すると，次のようになります。

① $\frac{4}{5}-\frac{1}{2}-\frac{1}{4}=\frac{16}{20}-\frac{10}{20}-\frac{5}{20}=\frac{1}{20}$

② $\frac{9}{4}-\frac{1}{6}-\frac{5}{8}=\frac{54}{24}-\frac{4}{24}-\frac{15}{24}$

$=\frac{35}{24}\left(1\frac{11}{24}\right)$

3 ⑦，⑧は(　)の中を先に計算することに注意しましょう。

⑦ $\frac{2}{3}-\left(\frac{3}{4}-\frac{5}{8}\right)=\frac{2}{3}-\left(\frac{6}{8}-\frac{5}{8}\right)$

$=\frac{2}{3}-\frac{1}{8}=\frac{16}{24}-\frac{3}{24}=\frac{13}{24}$

⑧ $\frac{7}{3}-\left(\frac{2}{5}+\frac{4}{15}\right)=\frac{7}{3}-\left(\frac{6}{15}+\frac{4}{15}\right)$

$=\frac{7}{3}-\frac{\overset{2}{\cancel{10}}}{\underset{3}{\cancel{15}}}=\frac{7}{3}-\frac{2}{3}=\frac{5}{3}\left(1\frac{2}{3}\right)$

28 ㉓〜㉗の ドリル 57・58ページ

1 ① $\frac{9}{22}$　② $\frac{1}{8}$

③ $\frac{26}{35}$　④ $\frac{7}{12}$

⑤ $\frac{1}{3}$　⑥ $\frac{1}{4}$

⑦ $\frac{5}{12}$　⑧ $\frac{1}{14}$

⑨ $\frac{1}{6}$　⑩ $\frac{5}{6}$

2 ① $1\frac{11}{21}\left(\frac{32}{21}\right)$　② $2\frac{1}{2}\left(\frac{5}{2}\right)$

③ $1\frac{7}{18}\left(\frac{25}{18}\right)$　④ $\frac{1}{2}$

⑤ $\frac{19}{36}$　⑥ $\frac{3}{5}$

⑦ $\frac{9}{10}$　⑧ $\frac{1}{2}$

3 ① $\frac{11}{10}-\frac{\boxed{4}}{15}=\frac{5}{6}$

② $2\frac{\boxed{1}}{6}-\frac{1}{4}=1\frac{\boxed{11}}{\boxed{12}}$

もっと練習

(1) $1\frac{3}{8}\left(\frac{11}{8}\right)$　(2) $\frac{1}{2}$　(3) $\frac{31}{30}\left(1\frac{1}{30}\right)$

てびき **2** ⑦ $\frac{2}{5}-\frac{1}{3}+\frac{5}{6}$

$=\frac{12}{30}-\frac{10}{30}+\frac{25}{30}=\frac{\cancel{27}^{9}}{\cancel{30}_{10}}=\frac{9}{10}$

3 ① $\frac{11}{10}-\frac{5}{6}=\frac{33}{30}-\frac{25}{30}=\frac{\cancel{8}^{4}}{\cancel{30}_{15}}=\frac{4}{15}$

② $2\frac{\square}{6}$ の分母が6だから，$\square$に入る数は1か5になります。

$2\frac{\boxed{1}}{6}-\frac{1}{4}=1\frac{\boxed{11}}{\boxed{12}}$，$2\frac{\boxed{5}}{6}-\frac{1}{4}=2\frac{\boxed{7}}{\boxed{12}}$

答えの整数の部分が1になることから，

式は，$2\frac{\boxed{1}}{6}-\frac{1}{4}=1\frac{\boxed{11}}{\boxed{12}}$ になります。

29 ⑮〜㉘のかくにんテスト 59・60ページ

1 ① ＜　② ＜

③ ＞　④ ＞

2 ① $\frac{17}{35}$　② $\frac{23}{18}\left(1\frac{5}{18}\right)$

③ $\frac{3}{4}$　④ $\frac{5}{6}$

⑤ $2\frac{5}{6}\left(\frac{17}{6}\right)$　⑥ $3\frac{1}{2}\left(\frac{7}{2}\right)$

3 ① $\frac{3}{8}$　② $\frac{5}{24}$

③ $\frac{1}{3}$　④ $\frac{1}{12}$

⑤ $2\frac{5}{18}\left(\frac{41}{18}\right)$　⑥ $1\frac{2}{5}\left(\frac{7}{5}\right)$

⑦ $\frac{11}{8}\left(1\frac{3}{8}\right)$　⑧ $\frac{1}{9}$

⑨ $\frac{2}{3}$　⑩ $\frac{29}{40}$

てびき **1** 通分して比べます。

② $\frac{52}{65}<\frac{55}{65}$ だから，$\frac{4}{5}<\frac{11}{13}$

③ $\frac{10}{24}>\frac{9}{24}$ だから，$\frac{5}{12}>\frac{3}{8}$

④ $\frac{11}{7}=1\frac{4}{7}$ で，$1\frac{8}{14}>1\frac{7}{14}$ だから，

$\frac{11}{7}>1\frac{7}{14}$

3 3つの分数の計算で，分数を一度に通分して計算すると，次のようになります。

⑦ $\frac{3}{4}+\frac{1}{8}+\frac{1}{2}=\frac{6}{8}+\frac{1}{8}+\frac{4}{8}=\frac{11}{8}\left(1\frac{3}{8}\right)$

⑧ $\frac{1}{6}+\frac{1}{2}-\frac{5}{9}=\frac{3}{18}+\frac{9}{18}-\frac{10}{18}$

$=\frac{\cancel{2}^{1}}{\cancel{18}_{9}}=\frac{1}{9}$

⑨ $\frac{1}{2}-\frac{1}{6}+\frac{1}{3}=\frac{3}{6}-\frac{1}{6}+\frac{2}{6}=\frac{\cancel{4}^{2}}{\cancel{6}_{3}}=\frac{2}{3}$

⑩ $\frac{3}{2}-\frac{3}{8}-\frac{2}{5}=\frac{60}{40}-\frac{15}{40}-\frac{16}{40}=\frac{29}{40}$

30 わり算と分数の関係

1
① $\frac{3}{7}$　② $\frac{5}{9}$
③ $\frac{6}{11}$　④ $\frac{12}{17}$
⑤ $\frac{1}{10}$　⑥ $\frac{1}{16}$
⑦ $\frac{7}{3}$　⑧ $\frac{10}{9}$
⑨ $\frac{12}{5}$　⑩ $\frac{20}{11}$

2
① 8　② 9
③ 1　④ 7
⑤ 4　⑥ 8
⑦ 11　⑧ 5
⑨ 2　⑩ 8
⑪ 11　⑫ 21

てびき **1** 整数どうしのわり算の商は，分数で表すことができます。わられる数が分子，わる数が分母になります。

$$■ \div ● = \frac{■}{●}$$

2 分数は，整数どうしのわり算の形に表すことができます。分子がわられる数，分母がわる数になります。

$$\frac{■}{●} = ■ \div ●$$

31 分数と小数・整数の関係①

1
① 0.5　② 0.25
③ 0.75　④ 0.8
⑤ 0.7　⑥ 0.625
⑦ 0.875　⑧ 0.9

2
① ＞　② ＜
③ ＞　④ ＞

3
① 2.2　② 2.25
③ 3　④ 4
⑤ 0.89　⑥ 1.83
⑦ 2.2　⑧ 4.125

てびき **3** ⑤，⑥はわりきれないので，四捨五入（ししゃごにゅう）して，$\frac{1}{100}$の位までのがい数で表します。

⑤ $\frac{8}{9} = 8 \div 9 = 0.888\cdots\cdots$
　だから，0.89

⑥ $\frac{11}{6} = 11 \div 6 = 1.833\cdots\cdots$
　だから，1.83

帯分数を小数で表すときは，整数の部分はそのままで，分数の部分を小数で表します。

⑦ $2\frac{1}{5} = 2 + \frac{1}{5}$ で，$\frac{1}{5} = 1 \div 5 = 0.2$
　だから，$2\frac{1}{5} = 2 + 0.2 = 2.2$

⑧ $4\frac{1}{8} = 4 + \frac{1}{8}$ で，$\frac{1}{8} = 1 \div 8 = 0.125$
　だから，$4\frac{1}{8} = 4 + 0.125 = 4.125$

32 分数と小数・整数の関係②

1
① 10　② 100

2
① $\frac{3}{10}$　② $\frac{7}{100}$
③ $\frac{73}{100}$　④ $\frac{3}{5}\left(\frac{6}{10}\right)$
⑤ $\frac{37}{10}\left(3\frac{7}{10}\right)$　⑥ $\frac{109}{100}\left(1\frac{9}{100}\right)$

3
① $\frac{9}{10}$　② $\frac{5}{1}$
③ $\frac{7}{1}$　④ $\frac{41}{100}$
⑤ $\frac{2}{25}\left(\frac{8}{100}\right)$　⑥ $\frac{33}{10}\left(3\frac{3}{10}\right)$
⑦ $\frac{219}{100}\left(2\frac{19}{100}\right)$　⑧ $\frac{17}{1}$
⑨ $\frac{123}{100}\left(1\frac{23}{100}\right)$　⑩ $\frac{1}{1}$
⑪ $\frac{7}{1000}$　⑫ $\frac{1011}{1000}\left(1\frac{11}{1000}\right)$

33 分数と小数のたし算

1 ① 3，3，$\frac{9}{10}$

② 0.6，0.9

2 ① $\frac{13}{10}\left(1\frac{3}{10},\ 1.3\right)$　② $\frac{7}{5}\left(1\frac{2}{5},\ 1.4\right)$

③ $\frac{7}{10}$ (0.7)　④ $4\frac{3}{5}\left(\frac{23}{5},\ 4.6\right)$

3 ① $\frac{2}{3}$　② $\frac{13}{15}$

③ $\frac{28}{45}$　④ $3\frac{1}{15}\left(\frac{46}{15}\right)$

⑤ $5\frac{4}{5}\left(\frac{29}{5},\ 5.8\right)$　⑥ $\frac{5}{4}\left(1\frac{1}{4},\ 1.25\right)$

⑦ $\frac{7}{10}$ (0.7)　⑧ 2

⑨ $\frac{7}{6}\left(1\frac{1}{6}\right)$　⑩ $\frac{17}{15}\left(1\frac{2}{15}\right)$

てびき **2** ①小数を分数で表して計算すると，

$\frac{7}{10}+0.6=\frac{7}{10}+\frac{6}{10}=\frac{13}{10}\left(1\frac{3}{10}\right)$

分数を小数で表して計算すると，

$\frac{7}{10}+0.6=0.7+0.6=1.3$

3 ①，②，③，④，⑨，⑩は，分数を小数で正確（せいかく）に表せないので，小数を分数で表して計算します。

① $\frac{1}{6}+0.5=\frac{1}{6}+\frac{1}{2}=\frac{1}{6}+\frac{3}{6}=\frac{\overset{2}{\cancel{4}}}{\underset{3}{\cancel{6}}}=\frac{2}{3}$

② $\frac{2}{3}+0.2=\frac{2}{3}+\frac{1}{5}=\frac{10}{15}+\frac{3}{15}=\frac{13}{15}$

⑨ $0.75+\frac{5}{12}=\frac{3}{4}+\frac{5}{12}=\frac{9}{12}+\frac{5}{12}$

$=\frac{\overset{7}{\cancel{14}}}{\underset{6}{\cancel{12}}}=\frac{7}{6}\left(1\frac{1}{6}\right)$

⑩ $\frac{1}{3}+0.8=\frac{1}{3}+\frac{4}{5}=\frac{5}{15}+\frac{12}{15}$

$=\frac{17}{15}\left(1\frac{2}{15}\right)$

34 分数と小数のひき算

1 ① 3，3，$\frac{3}{10}$

② 0.6，0.3

2 ① $\frac{3}{5}$ (0.6)　② $\frac{3}{5}$ (0.6)

③ $\frac{9}{20}$ (0.45)　④ $\frac{2}{5}$ (0.4)

3 ① $\frac{7}{15}$　② $\frac{1}{3}$

③ $\frac{13}{45}$　④ $\frac{2}{15}$

⑤ $1\frac{4}{5}\left(\frac{9}{5},\ 1.8\right)$　⑥ $\frac{2}{5}$ (0.4)

⑦ $1\frac{12}{25}\left(\frac{37}{25},\ 1.48\right)$　⑧ $\frac{1}{10}$ (0.1)

⑨ $\frac{5}{12}$　⑩ $\frac{13}{35}$

てびき **2** ①小数を分数で表して計算すると，

$\frac{4}{5}-0.2=\frac{4}{5}-\frac{1}{5}=\frac{3}{5}$

分数を小数で表して計算すると，

$\frac{4}{5}-0.2=0.8-0.2=0.6$

3 ①，②，③，④，⑨，⑩は，分数を小数で正確に表せないので，小数を分数で表して計算します。

① $\frac{2}{3}-0.2=\frac{2}{3}-\frac{1}{5}=\frac{10}{15}-\frac{3}{15}=\frac{7}{15}$

② $0.5-\frac{1}{6}=\frac{1}{2}-\frac{1}{6}=\frac{3}{6}-\frac{1}{6}=\frac{\overset{1}{\cancel{2}}}{\underset{3}{\cancel{6}}}=\frac{1}{3}$

④ $1.8-1\frac{2}{3}=1\frac{4}{5}-1\frac{2}{3}=1\frac{12}{15}-1\frac{10}{15}$

$=\frac{2}{15}$

⑨ $0.75-\frac{1}{3}=\frac{3}{4}-\frac{1}{3}=\frac{9}{12}-\frac{4}{12}=\frac{5}{12}$

⑩ $0.8-\frac{3}{7}=\frac{4}{5}-\frac{3}{7}=\frac{28}{35}-\frac{15}{35}=\frac{13}{35}$

35 ㉚～㉞のドリル 71·72ページ

1 ① 19 ② 11
③ 1 ④ 9
⑤ 7 ⑥ 1

2 ① 3.25 ② 1.2
③ 8 ④ 2
⑤ 2.25 ⑥ 3.625

3 ① $\frac{93}{100}$ ② $\frac{11}{1}$
③ $\frac{129}{100}\left(1\frac{29}{100}\right)$ ④ $\frac{1007}{1000}\left(1\frac{7}{1000}\right)$

4 ① $\frac{5}{4}\left(1\frac{1}{4},\ 1.25\right)$ ② $\frac{7}{5}\left(1\frac{2}{5},\ 1.4\right)$
③ $2\frac{1}{2}\left(\frac{5}{2},\ 2.5\right)$ ④ $\frac{2}{5}$ (0.4)
⑤ $\frac{27}{20}\left(1\frac{7}{20},\ 1.35\right)$ ⑥ $\frac{1}{2}$ (0.5)

もっと練習

(1) $\frac{17}{20}$ (0.85) (2) $1\frac{1}{4}\left(\frac{5}{4},\ 1.25\right)$

てびき **2** 帯分数を小数で表すときは，2通りのやり方があります。

⑤ $2\frac{1}{4}=2+\frac{1}{4}=2+1\div4=2+0.25$
$=2.25$
$2\frac{1}{4}=\frac{9}{4}=9\div4=2.25$

⑥ $3\frac{5}{8}=3+\frac{5}{8}=3+5\div8=3+0.625$
$=3.625$
$3\frac{5}{8}=\frac{29}{8}=29\div8=3.625$

4 小数を分数にそろえてから計算すると，いつでも計算できます。

① $\frac{1}{2}+0.75=\frac{1}{2}+\frac{3}{4}=\frac{2}{4}+\frac{3}{4}=\frac{5}{4}\left(1\frac{1}{4}\right)$

② $\frac{4}{5}+0.6=\frac{4}{5}+\frac{3}{5}=\frac{7}{5}\left(1\frac{2}{5}\right)$

⑤ $\frac{8}{5}-0.25=\frac{8}{5}-\frac{1}{4}=\frac{32}{20}-\frac{5}{20}=\frac{27}{20}\left(1\frac{7}{20}\right)$

⑥ $2.25-1\frac{3}{4}=2\frac{1}{4}-1\frac{3}{4}=1\frac{5}{4}-1\frac{3}{4}$
$=\frac{\cancel{2}^{1}}{\cancel{4}_{2}}=\frac{1}{2}$

36 ㉚～㉟のかくにんテスト 73·74ページ

1 ① $\frac{2}{3}$ ② $\frac{1}{11}$
③ $\frac{1}{3}$ ④ $\frac{3}{4}$

2 ① > ② >
③ < ④ <

3 ① 0.36 ② 0.375
③ 4 ④ 1.17

4 ① $\frac{23}{100}$ ② $\frac{27}{10}\left(2\frac{7}{10}\right)$
③ $\frac{4}{25}\left(\frac{16}{100}\right)$ ④ $\frac{303}{100}\left(3\frac{3}{100}\right)$

5 ① $3\frac{1}{6}\left(\frac{19}{6}\right)$ ② $1\frac{7}{15}\left(\frac{22}{15}\right)$
③ $5\frac{1}{3}\left(\frac{16}{3}\right)$ ④ $\frac{47}{25}\left(1\frac{22}{25},\ 1.88\right)$
⑤ $\frac{1}{40}$ (0.025) ⑥ $\frac{1}{5}$ (0.2)
⑦ $\frac{1}{8}$ (0.125) ⑧ $\frac{7}{12}$

てびき **5** ①，②，③，⑧は，分数を小数で正確(せいかく)に表せないので，小数を分数で表して計算します。

② $1.2+\frac{4}{15}=1\frac{1}{5}+\frac{4}{15}=1\frac{3}{15}+\frac{4}{15}$
$=1\frac{7}{15}\left(\frac{22}{15}\right)$

③ $1\frac{5}{6}+3.5=1\frac{5}{6}+3\frac{1}{2}=1\frac{5}{6}+3\frac{3}{6}$
$=4\frac{\cancel{8}^{4}}{\cancel{6}_{3}}=5\frac{1}{3}\left(\frac{16}{3}\right)$

⑧ $2.25-1\frac{2}{3}=2\frac{1}{4}-1\frac{2}{3}=2\frac{3}{12}-1\frac{8}{12}$
$=1\frac{15}{12}-1\frac{8}{12}=\frac{7}{12}$

やってみよう！

● ① $\frac{13}{12}\left(1\frac{1}{12}\right)$　② $\frac{1}{18}$　③ $\frac{5}{6}$

④ $\frac{37}{36}\left(1\frac{1}{36}\right)$　⑤ $\frac{23}{12}\left(1\frac{11}{12}\right)$　⑥ $1\frac{17}{20}\left(\frac{37}{20}\right)$

⑦ $\frac{1}{2}$　⑧ $\frac{3}{10}$　⑨ $\frac{1}{10}$　⑩ $1\frac{13}{20}\left(\frac{33}{20}\right)$

◆ ① ＋　② ＋　③ −　④ ＋

⑤ −　⑥ ＋　⑦ −　⑧ −

⑨ ＋　⑩ −　⑪ ＋　⑫ −

てびき ● ① $\frac{1}{4}+\frac{5}{6}=\frac{13}{12}\left(1\frac{1}{12}\right)$

② $\frac{8}{9}-\frac{5}{6}=\frac{1}{18}$　③ $\frac{7}{9}+\frac{1}{18}=\frac{5}{6}$

④ $\frac{1}{4}+\frac{7}{9}=\frac{37}{36}\left(1\frac{1}{36}\right)$

⑤ $\frac{37}{36}+\frac{8}{9}=\frac{23}{12}\left(1\frac{11}{12}\right)$

⑥ $2\frac{1}{4}-\frac{2}{5}=1\frac{17}{20}\left(\frac{37}{20}\right)$

⑦ $2\frac{1}{4}-1\frac{3}{4}=\frac{1}{2}$　⑧ $\frac{1}{2}-\frac{1}{5}=\frac{3}{10}$

⑨ $\frac{2}{5}-\frac{3}{10}=\frac{1}{10}$

⑩ $1\frac{3}{4}-\frac{1}{10}=1\frac{13}{20}\left(\frac{33}{20}\right)$

◆ ① $\frac{1}{2}+\frac{1}{3}=\frac{5}{6}$ ➡ ○　$\frac{1}{2}-\frac{1}{3}=\frac{1}{6}$ ➡ ×

②～⑫も同じように計算します。

37 しあげのテスト ①

1 ① 54.5　② 0.545

2 ① 1.92　② 10.962　③ 9.1104

④ 14　⑤ 28.6　⑥ 5.6

⑦ 0.612　⑧ 0.0576　⑨ 0.84

⑩ 1.4　⑪ 6.3

3 ① 6　② 6.4　③ 0.8

④ 0.6　⑤ 0.35　⑥ 2.25

4 ① 9 あまり 0.19　② 5 あまり 0.06

③ 19 あまり 0.19

5 ① 2.0　② 0.38　③ 230

てびき **1** 小数を整数になおします。

① 21.8×2.5

＝(21.8×10)×(2.5×10)÷100

＝218×25÷100＝54.5

5 ①は答えの2けためのOをきちんと書きましょう。③は答えが3けたの整数になるので，3けためを0にします。

①
```
       2.0 3
2.7)5.5
     5 4
       1 0 0
         8 1
         1 9
```

②
```
          8
       0.3 7 7
8.1)3.0 6
     2 4 3
       6 3 0
       5 6 7
         6 3 0
         5 6 7
           6 3
```

③
```
            3 0
          2 2 9
0.2 3)5 2.8 8
        4 6
          6 8
          4 6
          2 2 8
          2 0 7
            2 1
```

38 しあげのテスト ②

1 ① $\frac{41}{63}$　② $\frac{2}{3}$

③ $4\frac{17}{30}\left(\frac{137}{30}\right)$　④ $3\frac{14}{15}\left(\frac{59}{15}\right)$

⑤ $\frac{11}{15}$　⑥ $\frac{13}{14}$

⑦ $\frac{1}{3}$　⑧ $\frac{8}{15}$

⑨ $\frac{9}{10}$　⑩ $\frac{8}{9}$

2 ① ＜　② ＞

③ ＜　④ ＞

3 ㋑，㋒，㋔

4 ① $\frac{23}{20}\left(1\frac{3}{20},\ 1.15\right)$　② $2\frac{1}{3}\left(\frac{7}{3}\right)$

③ $3\frac{15}{26}\left(\frac{93}{26}\right)$　④ $\frac{1}{2}$ (0.5)

⑤ $\frac{19}{15}\left(1\frac{4}{15}\right)$　⑥ $\frac{3}{35}$

9 8 7 6 5 4
D C B A